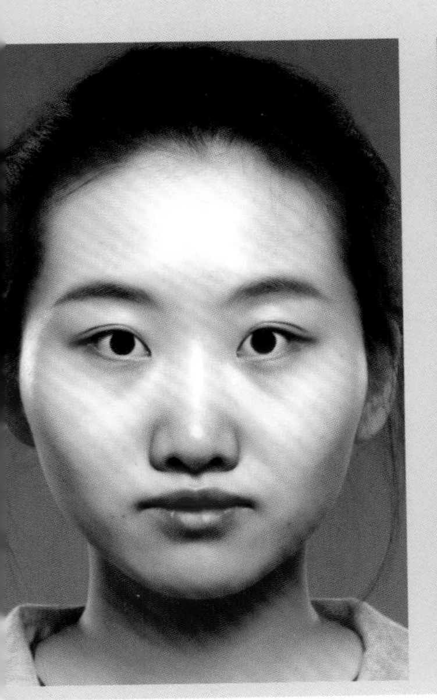

此图均为 AI 制作

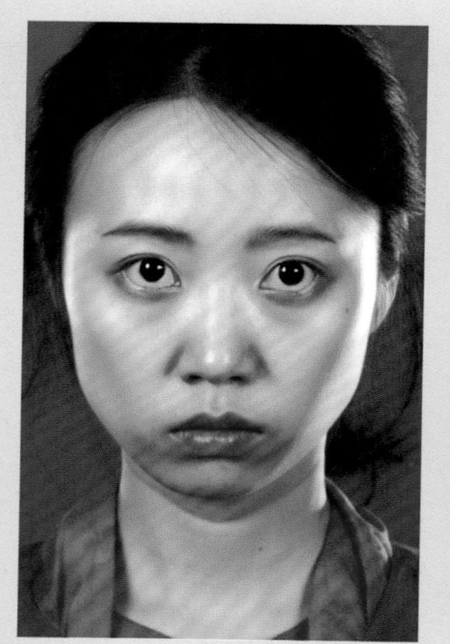
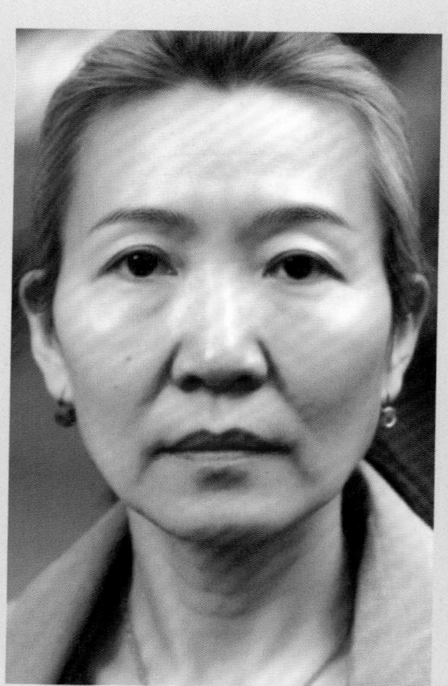

此图均为 AI 制作

此图均为 AI 制作

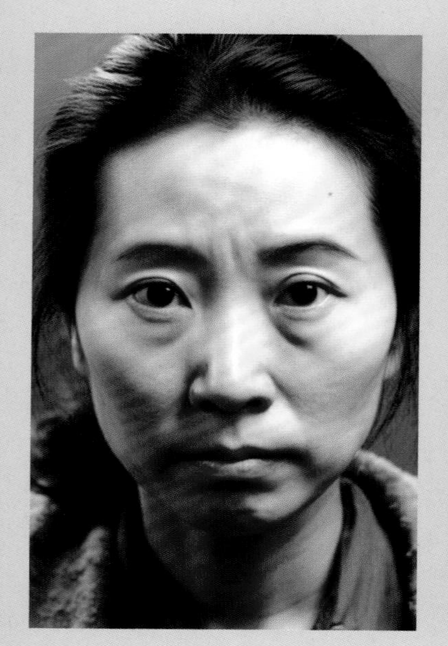
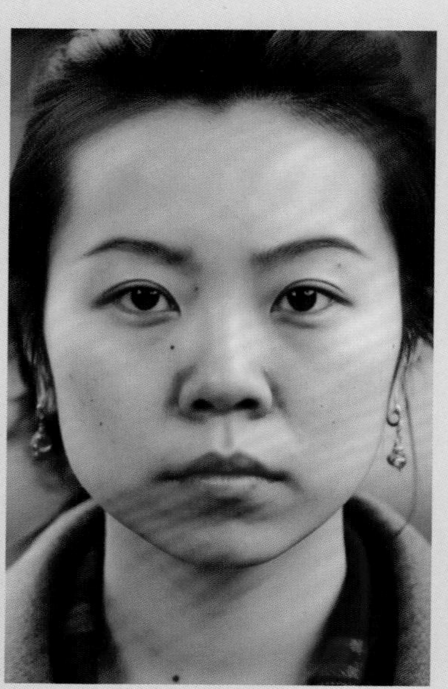
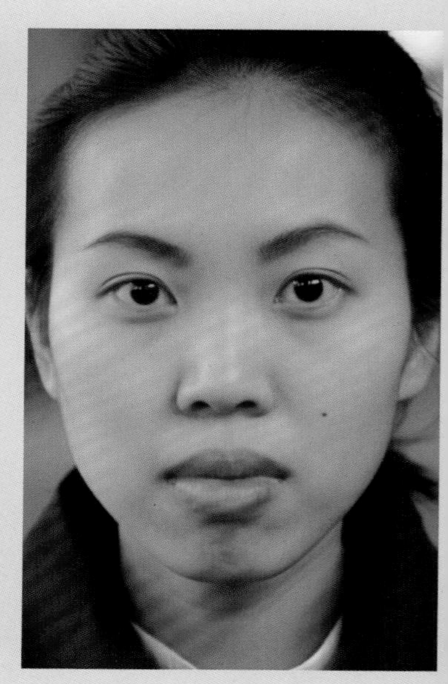

此图均为 AI 制作

气质

Temperament

胡兰英 著

天津出版传媒集团
天津科学技术出版社

图书在版编目（CIP）数据

气质 / 胡兰英著 . -- 天津 : 天津科学技术出版社 ,

2024. 9. -- ISBN 978-7-5742-2467-4

Ⅰ . TS974.1-49

中国国家版本馆 CIP 数据核字第 2024R33G67 号

气质

QIZHI

责任编辑：王　彤

责任印制：兰　毅

出　　版：天津出版传媒集团
天津科学技术出版社

地　　址：天津市西康路35号

邮　　编：300051

电　　话：（022）23332377

网　　址：www.tjkjcbs.com.cn

发　　行：新华书店经销

印　　刷：香河县宏润印刷有限公司

开本　710×1000　1/16　插页2　印张13.25　字数150 000

2024年9月第1版第1次印刷

定价：68.00元

前言

在我们生活的斑斓世界中，有一种无形的力量，犹如磁石般吸引着人们的视线，它超越了外在的皮囊，穿透了岁月的尘埃，直达心灵深处。这就是“气质”，一种无法用精确刻度衡量，却能瞬间触动人心灵共鸣的魅力。它犹如繁星点点的夜空，虽无固定形态，却以其闪烁的光芒点亮了个体的独特存在；又如潺潺溪流，虽无形无迹，却以其清澈的声音唤醒了他人对美好的向往。

真正的美从来都是内外兼修的结晶。它犹如一颗熠熠生辉的珍珠，其光泽源于外层的圆润光滑，而其核心的璀璨则源自内部的坚硬质地。同样，一个人的气质，也不仅仅是五官的精致、身材的曼妙，更在于其内在修养的深厚、品德情操的高尚和精神世界的丰富。唯有当内在的美丽与外在的容貌和谐共融，才能真正展现出一个人最完整、最动人的魅力。

《气质》不仅是一本关于外在美的指南，更是一本探寻内在魅力的智慧手册。它引领我们穿越表象的迷雾，深入探究气质与审美、角色、情绪、个人素养等多元因素之间的底层逻辑。

而且，《气质》还从美妆的实战视角出发，细致入微地探讨了如何通过微妙的妆容调整来巧妙地凸显个人气质。如眉毛的弧度、眼妆的深浅、唇妆的色彩……每一个看似微不足道的改变，都可能带来气质的巨大提升，让人在举手投足间，散发出与众不同的魅力。

尤为值得一提的是，《气质》教会女性朋友如何理性、审慎地看待美，以避免被浮华的表象所迷惑、干扰。它鼓励我们在追求外在美的同时，不忘提升内在的修为和素养。因为，真正的气质，既是外在形象的优雅呈现，又是内在精神的璀璨绽放。它让我们在喧嚣的世界中保持独立思考，不随波逐流，既能欣赏他人的美，也能珍视自己的独特，最终成为一个既拥有独特魅力，又能坚守自己内心世界的人。

现在，让我们一起翻开这本书，携手踏上一场关于气质的探索之旅。在这段旅程中，我们将揭示那些隐藏在表象之下的秘密，寻找构建个体独特魅力的密码。相信，这不仅仅是一次外在形象的提升，更是一场内心深处的成长与蜕变！

（本书中人物插图为 AI 制作）

目录

第一章　为什么我们热衷于“相面”

第二章　气质，一个人的精神长相

第三章　正向气质与负向气质

第四章　审美与气质

第五章　面部与气质

第六章　眉妆与气质

第七章　眼妆与气质

第八章　唇妆与气质

第九章　角色与气质

第十章　情绪与气质

第十一章　修养与气质

第一章
为什么我们热衷于“相面”

“相面”不是算命，而是通过对外貌的观察，来洞察一个人的精神世界与气质。

1. “相面”时，究竟在看什么

对于面容的审视与解读，一直是一个复杂且多元的过程。每个人的容貌都是独一无二的，不仅包含了遗传的信息，也隐藏着个体的经历、情感与性格特征。当我们看一张脸时，大脑会进行一系列快速且复杂的处理过程。

比如，当我们首次接触一张面孔时，“直觉脑”会即刻启动，形成一种直观且全面的初步印象，这就是我们常说的“第一印象”。这一过程是自然而然的，几乎瞬间完成。例如，当我们看到一张俊美的脸庞时，会直觉地认为其十分吸引人，内心不自觉地涌起一股喜欢和欣赏之情。同样，如果某人的面孔显得温和且气质出众，那么“直觉脑”便会立刻判断此人具有亲和力，容易接近。

这种直觉反应是我们认知过程的开始。随后，我们的“分析脑”会开始工作，深入分析面部的各种特征，如眼睛的形状、鼻子的高低、嘴巴的轮廓等，并结合我们的知识和经验来解读这些特征背后的含义。例如，我们可能会根据某个人的眼睛形状和神情来判断他的性格或者情绪状态。又如，我们会认为“高鼻梁”带给人一种立体的美感，与高贵、优雅的气质相关联，而“圆下巴”则给人一种亲切、随和的感觉。

在这个过程中，“直觉脑”和“分析脑”是相互补充的。“直觉脑”为我们提供了一个快速、整体的印象，而“分析脑”则在这个基础上进行了更加深入和精确的解读。可见，对于面容的审视与解读是一个融合了直觉与分析的复杂过程，涉及大脑的多个区域和功能。

（1）梭状回面孔区（FFA）。梭状回面孔区（FFA）是大脑中专门负责面部识别的区域。它位于梭状回中，每侧大脑各有一个。它使我们能够识别不同的人脸，并通过人脸来判别身份。当我们看到一张脸时，FFA会被激活，帮助我们将复杂的面部特征整合在一起，从而识别出特定的个体。

（2）海马体。海马体位于颞叶的内侧面，具有记忆存储、学习，以及构建空间感等功能。当我们遇到熟悉的面孔时，海马体会帮助我们回忆起与该面孔相关的信息。它涉及将接收到的记忆存储并形成短时记忆，这对于人脸识别和记忆至关重要。

（3）颞上沟（STS）。颞上沟是大脑外侧面的一条恒定脑沟，位于颞上回与颞下回的界线。它周围存在重要的皮质功能区，与面部表情的识别和处理密切相关。它参与解析面部所传达的情感和社会信息，帮助我们理解他人的情绪和意图。

（4）眶额皮层。眶额皮层是人类情绪产生的主要神经机制之一，与情绪反应和控制复杂行为的脑机制相连。它参与评估面部的吸引力，并可能影响我们的社交偏好和决策。

（5）杏仁核。杏仁核是大脑中的一个小结构，但对情绪反应和社交行为有着重要影响。当我们看到威胁性的面部表情，如愤怒或恐惧时，杏仁核会被激活，引发相应的生理和行为反应。

其中，梭状回面孔区（FFA）和海马体在“分析脑”中扮演着关键角色，剩余的三个区域更多地与直觉反应和情感评估相关。在看脸时，这五个区域会共同完成对人面部的识别、记忆、情感解读和美丑评估等任务。

由此可见，看一张脸是否和谐、美观，不仅取决于其各个部位，如眼睛、鼻子、嘴巴等的比例和位置，还更多地受到我们的文化背景、思维方式、审美观念，乃至个人独特经历的影响，以至于同样的面部特征，在不同人的眼中可能会产生截然不同的审美。

因此在看人的时候，绝不能仅仅停留在表面的美丑的判断上，而要更多地看到面孔背后的内涵情感，以及它所承载的个体经历。这种深层次的解读，不仅能够帮助我们更全面地认识一个人，也有益于促进人与人之间的心灵沟通和情感的交融。

2. 人类看脸的历史

人类对脸部特征的观察和认知的历史，可以追溯到几千前年。在古希腊、古罗马、印度和中国等古文化中，人们早已开始通过观察人的面部特征来推断一个人的性格和命运。

在西方，类似的传统也有很长的历史。例如，古希腊的哲学家亚里士多德就曾写过关于人面部表情和性格的文章。到了中世纪和文艺复兴时期，这种实践逐渐发展成一门更为系统的“相面学”，当时的学者们试图通过观察人的面部特征来了解一个人的性格和未来。

此外，现代科学研究，如心理学和神经科学，也在研究人的面部表情和认知，这一行为和过程进一步证明了人类对面部特征的重视。

可以说，人类对脸部特征的观察和认知有着悠久的历史，从古代的面相学到现在科学领域的研究，从最初的面对面交流，到画像、照相、电影、电视，再到如今的互联网视频等，面部特征一直是人类试图理解和解释的一个重要方面。

（1）面对面交流：微表情是最好的语言。在早期的社会，人们主要通过面对面的方式交流。那时候，一张生动的面孔就是他们最好的“语言”，通过微妙的表情变化，他们能够传递出喜怒哀乐，甚至还能读懂彼此的小心思。例如，在某些原始部落中，族长的眉头紧锁可能意味着有重要的决策需要做出，而族人的微笑则可能表示对决策的认同或支持。这种直接的交流方式虽然简单，但极为重要，为人们建立起了初步的社交基础。

（2）画像：捕捉面部特征。随着绘画艺术的发展，画像成为记录人面部特征的重要方式。画师们不仅追求形似，更追求神似。他们通过捕捉人物的微妙表情和眼神，将人物的内心世界展现得淋漓尽致。例如，达·芬奇的《蒙娜丽莎》就通过细腻的笔触捕捉到了蒙娜丽莎那神秘的微笑，成为千古流传的艺术珍品。

（3）照相：真实记录面孔。照相技术的出现让我们能够真实、准确地记录下人们的面孔。比如，在刑侦领域，照片成了重要的证据之一。通过照片中的细节，如眼角的细微皱纹、嘴角的上扬角度等，侦探们可以分析出嫌疑人的年龄、性格等信息，为破案提供线索。可以说，照相技术的发展不仅改变了我们看脸的方式，也让我们对脸部的认知更加深入和全面。

（4）电影与电视：生动、立体的面部呈现方式。电影与电视的出现为我们提供了更加生动、立体的面部呈现方式。与静态的画像或照片相比，电影和电视中的面部特征是动态的，可以随着角色情感、表情和动作的变化而变化。这使得我们能够更加深入地观察和解读人的面部特征，包括微妙的表情变化、眼神的交流以及面部肌肉的运动等。

另外，通过演员的精湛表演，我们可以观察到不同角色在不同情境下的面部表情和气质特点。这不仅有助于我们理解角色的性格和情感状态，也能够让我们对人的面部特征有更加深入的认识。

（5）互联网：运用面部识别技术“看脸”。在互联网时代，面部识别已经成为一种重要的“看脸”方式。这项技术利用计算机算法，对通过摄像头捕捉到的面部图像进行识别和分析。这种看脸方式运用于多个场景，如手机解锁、支付验证、自动标记照片中的人物等。

人类对面部特征的观察和认知经历了从迷信到科学的过程，在这个过程中，人类的认知范围在不断扩大。在古代，由于交通和通信的不便，人们的生活圈子相对较小，一生中可能只见过几百张面孔。而现代社会，随着交通工具和信息技术的高速发展，人们的社交圈子得到了大大扩展，一生中可能会遇见几万张面孔。不过，这些面孔已不只限于现实生活中，还包括通过电视、电影、网络等媒介所接触到的各种面孔。

此外，现代科技的发展也使得人们能够更加深入地了解和研究面部特征。例如，通过人脸识别技术，我们可以快速准确地识别和记忆大量人脸信息，这在古代是无法想象的。同时，通过对遗传学、心理学等学科的研究，我们也能够更加深入地理解人的面部特征与其性格、身份和遗传之间的关系。

3. 可怕的“以貌取人”

你知道吗？当我们初次遇见一个人，我们对这个人的自我认知与社会认知竟然有高达 70% 是来源于其相貌。没错，就是那张脸，那个笑容，或是那个发式，它们在悄无声息中为我们构建了对他人的第一印象。

当我们看到一张美丽的脸庞，或是一个充满青春活力的身影，或是一位气质出众的佳人，内心总会涌起一股莫名的向往和追求。这种向往和追求，正是源于我们对美好事物的本能热爱。

不得不承认，人类天生就是视觉动物。我们的眼睛，总是容易被美好的事物所吸引。当我们对某个人的外貌持有积极评价时，这种好感往往会像光环一样扩散开来，影响我们对这个人其他特质的判断，而这就是所谓的“光环效应”。

光环效应，在心理学中是一种常见的人际知觉偏差。它指的是，当某个人的某一方面的品质或特点给人留下深刻印象时，这种印象会像光环一样扩散到对这个人的整体评价上。简而言之，如果一个人在外貌上给人留下好印象，那么人们往往会倾向于认为他在其他方面也同样出色。

相对于对美的细腻感知，大脑对丑的感知更为直接而强烈，其中蕴含着生物学和心理学上的深刻原因。

从生物学的角度来看，“丑”在自然界中通常被视为一种不良的信号。在漫长的进化过程中，生物体形成了对“美”与“丑”的直观感受，以此作为判断环境安全性和选择配偶的重要依据。例如，健康的生物体往往拥有对称的体态和光滑的肌肤，这些都被视为“美”的标志。

其实，我们需要理性地看待颜值。不可否认，特别是在视觉主导的虚拟世界中，高颜值确实可以给人带来一种视觉上的享受，但是在现实生活中，美丑并非构建深厚关系和长久吸引力的关键所在。相对来说，气质在这方面比美丑更重要。

4. 美不美，还得看气质

气质，这个词源于生理学，用来描述一个人典型的、稳定的心理特点，包括心理活动的速度、强度、稳定性和心理活动的指向性。它是一种无形的魅力，能让一个人的面容生动起来。

有一张好看的脸蛋固然重要，但真正能让人眼前一亮的，其实还是那难以言表的气质。就像一杯好茶，不仅仅是味道，更多的是那一缕难以言喻的茶香。一张脸庞，无论多么精致，如果没有气质的支撑，只会显得空洞和肤浅。当我们欣赏一个人的脸庞时，并不只是看五官和皮肤，同时也是在捕捉一些深层次的信息。

试想一下，不考虑个人气质与特点，每个人都按照网红的模板去打造自己，去追求开眼角的欧式平行大眼皮、高高的鼻梁和尖下巴，那样真的美吗？还是在生产一种千篇一律的产品？我们所要做的，并不是让自己变成别人眼中美丽的模板，而是应发掘自身特点，找准自身定位风格，从整体上提升自己的气质。

在人类的认知过程中，对外界事物的观察与理解，并非简单地停留在表面形态层面，而是深入到对事物内在气质的感知与解读上。尤其在审美活动中，大脑对形态所带来的气质的感知，其强度与敏锐度会超越对形态本身的关注。正因为如此，气质美才被认为是一种长久的美，一种有内涵的美。

气质作为一种抽象、内隐的概念，是形态背后所蕴含的个性特征、情感状态、精神风貌乃至文化意蕴的总和。它超越了形态的物理边界，指向了事物的内在生命力与精神实质。首先，当大脑对形态进行感知时，实际上是在解码形态所传达的气质信息，试图把握其深层意义与价值。这种对气质的追求，反映了人类审美活动的本质——对生活世界深度意义的探求与表达。

其次，大脑对形态气质的优先感知，源于人类认知系统的适应性进化。在漫长的生物演化过程中，人类大脑逐渐形成了对复杂环境与社会情境的高度适应能力，其中包括对他人情绪、意图、身份等非言语信息的敏感识别。这种能力在审美领域表现为对形态气质的深度感知与解读，使我们能够透过表象洞察事物的内在品质与价值，从而做出更为精准、全面的审美判断。

另外，从心理学角度看，大脑对形态气质的强烈感知，也是人类情感投射与移情作用的体现。在审美过程中，人们往往会将自己的情感、经验、期待等主观因素投射到所观察的对象上，通过对对象气质的感知与理解，实现自我情感的共鸣与升华。这种情感投射机制使得形态气质超越了纯粹的视觉刺激，成为触发深层情感反应与审美体验的重要媒介。

综上所述，我们的大脑对形态带来气质的感知，要远远强于对形态本身的感知。这既是人类认知系统适应性进化的结果，又是情感投射与移情作用的体现。这种超越表象、深入内在的审美，让我们在欣赏形态之美的同时，能够领略到更广阔、更深远的美学世界。

5. 气质不完全由基因决定

提到“气质”，很多人首先会想到一些与生俱来的特质，比如，有些人天生就有一种优雅从容的风度，有些人则显得热情奔放。没错，基因确实在我们的气质中扮演着重要的角色，它们像是我们生命中的“导演”，预设了一些基础的“剧情设定”。但如果我们说气质完全由基因决定，那就像是把一部丰富多彩的电影简化为了一个单调的剧本，而忽略了其中无数的可能性和变化。

气质虽然一定程度上受到基因的影响，比如有人可能天生就有个好嗓子，有人天生就有副好身材，等等，都是基因给的“礼物”。但是，一个人的气质并不完全由基因决定。即使基因给了你一个好底子，如果你整天愁眉苦脸，那气质肯定也会受影响。所以说，气质其实是先天和后天因素共同作用的结果。

从科学的角度来看，基因是我们身体内的“遗传指令”，它们在一定程度上决定了我们的身体特征和性格特点，甚至影响我们的行为和情感反应。这就是为什么我们经常会发现某些性格特点或行为模式在家族中有明显的遗传倾向。比如，如果父母都是性格开朗的人，那么他们的孩子很可能也会继承这种积极的性格特点。

但是，基因并不是唯一的“导演”。在我们的成长过程中，环境、教育、社交圈子等外部因素也在不断地塑造我们的气质。这就好比一部电影中的多个编剧，每个人都在为故事添加自己的元素和情节。

（1）环境影响气质。想象一下，如果一个人从小在图书馆长大，每天接触的是各种书籍和知识，那么他的气质中可能就会多一些书卷气和智慧的光芒。而如果一个人从小在运动场上摸爬滚打，那么他的气质中可能就会多一些阳光和活力。这些气质特点并不是基因直接决定的，而是他们所处的环境给予的。

（2）教育影响气质。一个受过良好教育的人，往往能够更好地控制自己的情绪，更懂得如何与人交往，这些都会在他的气质中体现出来。教育不仅仅是学习知识，更是学习如何成为一个有修养、有道德、有责任感的人。

（3）生活经历影响气质。每个人的一生都会遇到各种各样的挑战和机遇，这些经历会在人的气质中留下深刻的烙印。比如，一个经历过挫折并从中站起来的人，他的气质中可能会有一种坚韧和不屈；而一个总是顺风顺水的人，他的气质中可能就会多一些乐观和自信。

（4）个人的自我意识和发展意愿影响气质。有些人可能天生内向、害羞，但通过后天的努力和训练，也同样可以变得自信和开朗。这就像是健身，你可能天生不是一个肌肉发达的人，但坚持锻炼，你就可以拥有强健的体魄。

气质不是一成不变的，它会随着时间、环境和个人经历的变化而发展变化。这种动态性可以使一个人的气质在不同的生活阶段、不同的情境中呈现出不同的特点。这就意味着，即使基因在我们出生时为我们设定了一个气质的基调，但我们仍然有机会通过后天的努力来改变和完善它。

所以说，气质并不完全由基因决定，它是一个复杂的综合体，受到包含基因、环境、教育、经历等在内的多方面因素的影响。我们可以通过不断地学习、成长和经历，来塑造和提升自己的气质。

气质解码：从气质推断职业靠谱吗?

我们常说“人靠衣装”，有时候，一个人的职业与身份，似乎能从其身上散发的独特气质中“嗅”出来。也就是说，气质与职业之间存在着某种程度的关联。

这里的“气质”，并不是指你穿了什么牌子的衣服，或者开了什么牌子的汽车，而是那种由内而外散发的、让人一下就能嗅出来的“味道”。这种“味道”会无声中透露你的职业与身份。

比如，你在街上遇到一个身材修长、举止优雅的女子，她走路的姿态像是在跳舞，每一个动作都那么流畅、柔美。你或许会猜测，她可能是一位专业的舞者。果不其然，她确实是一位在舞蹈团工作的舞蹈演员。舞者的身体语言和日常训练使她们在人群中显得与众不同，那种独特的优雅和柔美，仿佛就是她们的职业标签。

再如，某个陌生人给你一种严谨、细致的感觉。他说话有条不紊，做事一丝不苟，对数字和逻辑特别敏感。你或许会想，这样的人要是去做工程师，那肯定是一把好手。结果，他真的是一名软件工程师。在他的身上，你能看到工程师那种对精确度和逻辑的极致追求。这种气质与他的职业简直是天作之合。

为什么从一个人的气质可以大致推断出其职业与身份呢？其实，这背后有着一定的心理学依据。气质作为一个人的内在特质，往往与其成长环境、教育背景、工作经历等密切相关。这些因素在很大程度上塑造了一个人的性格、价值观和行为习惯，进而影响了其职业选择和发展。换句话说，你的气质可能就是你职业的“预告片”，让人一眼就能猜出你的“正片”内容。

当然，并不是每一次推断都百分之百准确。毕竟，人的气质是复杂多变的，而且很多人还会刻意隐藏自己的真实气质！但是，作为一种有趣的观察和推测方式，以气质推断职业与身份，确有一定的依据和合理性。

在现实生活中，从事不同职业的人，其身上往往散发着不同的气质特点，比如下面几类。

（1）教育工作者。教师和教育行政人员，他们通常具备耐心、温和，以及循循善诱的气质。他们善于沟通和解释，能够引导学生学习和成长。这种职业气质往往偏向于黏液质，即稳重、有耐心、善于克制自己。

（2）销售人员。销售人员通常具备热情、外向和说服力强的气质。他们必须能够与不同类型的客户建立良好的关系，并有效地推销产品或服务。这种职业更倾向于多血质或胆汁质的人，他们活泼、敏捷、善于交际，并且情感易外露。

（3）医护人员。医生和护士，他们的气质通常表现为冷静、细心和有责任心。他们需要在紧急情况下保持冷静，对病人表现出同情心和关怀。这种职业气质与黏液质有些相似，但也需要有一定的灵活性和应变能力。

（4）艺术家。艺术家通常需要具备创造力和敏感性。他们的气质可能更加内向和细腻，善于观察和表达情感。这种职业更适合抑郁质的人，他们往往特立独行，但观察细致，内心敏感，并且具有多愁善感的特点。

（5）金融从业者。如银行职员或基金经理，他们通常会表现出稳重、沉着和谨慎的气质。金融工作要求高度的准确性和责任心，因此这种职业更倾向于黏液质的人，他们沉稳、心思细腻，看问题深入。

需要注意的是，这些气质特点并不是绝对的，而且一个人可能同时具备多种气质类型的特点。此外，职业选择并不仅仅基于气质，还需要考虑能力、兴趣、教育背景等多方面因素，因此气质之于职业，仅是一个可以参考的方面。

第二章
气质，一个人的精神长相

气质，是一个人内在修养和精神状态的无声表达。它如同一个人的精神长相，深深地烙印在每个人的身上。不同于外在的容貌，气质更能反映出一个人的内心世界和独特魅力。它不仅仅是外在形象的点缀，更是个人品格、情操与智慧的综合体现。

1. 气质空间理论

我们知道，气质不仅仅是由内而外散发出来的，更是外在的形态、颜色和质感带给我们的心理感受。有时，我们会因为某个人的独特气质而对他产生好感，甚至愿意与其深入交往。那么，气质究竟是什么呢？它又是如何形成的呢？要探寻内在的“气质密码”，首先需了解气质空间理论（见图 2–1）。

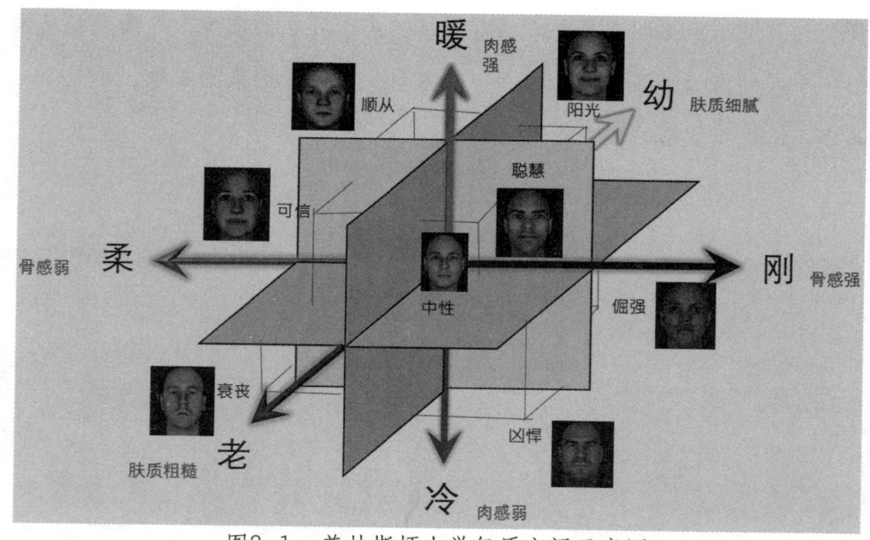

图2–1　普林斯顿大学气质空间示意图

想象一下，如果人的气质可以被精准地定位在一个三维空间里，那会是什么样的场景呢？这不是科幻，而是气质空间理论给我们带来的新奇视角。在这个理论中，人的气质被巧妙地映射到了一个三维坐标系中，仿佛每个人都在这个“气质宇宙”中拥有自己独特的位置。

什么是气质空间理论？如图 2–1 所示，它将人的气质视为一个三维的空间，这个三维空间的坐标轴分别是：柔—刚、暖—冷、老—幼。可以把这三个轴想象成是气质的三个基本属性，它们共同决定了一个人的气质走向。

在这个空间的中心，有一个特殊的点，我们称之为“中性气质”。这有点像气质的“原点”，从这里出发，每个人的气质都沿着不同的方向延伸，形成丰富多样的气质类型，比如肉感、顺从、肤质细腻、阳光、聪慧、骨感强等。这些特质就像是空间中的星星，让每个人都能找到与自己对应的“星座”。

每一种特质都代表着一种独特的气质倾向。比如，“肉感”可能让人联想到温柔和亲和力，“聪慧”则透露出一种知性和敏锐。这些特质并不是孤立存在的，它们会相互组合，共同构成一个人独特的气质特征。

气质空间理论不仅仅是一个理论模型，更是一个理解人类多样性的新视角。如果将气质空间比作一个巨大的调色盘，那么每个人的气质就是这个调色盘上独一无二的色彩。不同的颜色（特质）混合在一起，形成了每个人独特的“气质画像”。

当我们想要深入了解一个人时，可以试着将他放入这个气质空间中来“对号入座”。想象一下，他处在柔—刚、暖—冷、老—幼这三个维度上的哪个位置？他更接近哪个特质？是肉感、顺从，还是聪慧、骨感强？通过这样的思考，我们可以更全面地理解他的性格、情绪和行为模式。

同样地，这个理论也可以帮助我们更好地认识自己。我们可以在气质空间中找到自己的位置，看看自己更接近哪些特质，从而更清楚地了解自己的优点和不足。比如，如果我们发现自己缺乏阳光的气质，那么就可以通过调整心态、积极参与社交活动、多接触正能量的人和事，来培养自己的阳光气质。或者，如果我们发现自己在某个特质上过于偏向一端，比如过于刚硬，那么就可以尝试调整自己的行为和态度，让自己变得更加柔和与包容。

气质空间理论不仅仅是一个认识工具，还是一个成长工具。通过了解自己的气质特征，我们可以找到提升自己的方向。比如，如果我们希望自己在某些方面更出色，那么就可以通过学习和实践来强化自己在这些方面的气质特质。

当然，气质空间理论还可以为职业发展提供指导。我们经常会听到这样的话："找到适合自己的工作是最重要的。"但是，什么才是"适合"的工作呢？气质空间理论为我们提供了一个全新的视角来看待这个问题——有些职业需要阳光、开朗的气质，而有些职业则需要沉稳、内敛的气质。通过了解自己的气质特征，我们可以选择更适合自己的职业方向，发挥自己的优势，来实现自我价值。

这里，希望每个人都能找到属于自己的"气质密码"，让自己的生活更加精彩和充实。记住，气质不是一种负担，而是一种力量，它可以让我们更加自信地面对生活的挑战，实现自己的梦想。那么，让我们一起努力，成为一个有气质的人吧！

2. 气质的基本类型

在日常生活中，我们会遇到各种各样的人，有的热情开朗，有的内向害羞，有的雷厉风行，有的慢条斯理……不同的行为模式和反应方式，体现了不同的气质类型。

早在古希腊时期，一位名叫希波克拉底的医生就提出，人体内有四种液体，即血液、黏液、黄胆汁、黑胆汁。这四种液体在人体内的比例不同，形成了人气质的四个类型，即多血质、胆汁质、黏液质、抑郁质。现代心理学对气质的研究，也沿用了希波克拉底的这四种气质类型的划分，并深化了对气质类型的理解。

当然，这些类型并非严格意义上的科学划分，而是基于对人类行为观察和经验归纳的一种理论模型。

（1）胆汁质。胆汁质的人通常是热情直率、果断坚定、喜欢冒险的。他们的情绪比较激烈，容易兴奋，也容易生气。在工作上，他们往往是领导者或者创业者，能够迅速做出决策，带领团队向前冲。

比如，在《三国演义》中，张飞这个角色就属于典型的胆汁质。他勇猛果敢、豪放直率，战斗时勇往直前，对待下属严厉，容易因小事发怒，但对朋友忠诚无比，情感炽热，充分体现了胆汁质人的特点。

（2）多血质。多血质的人通常是活泼开朗、热情大方、善于交际的。他们的情绪比较稳定，很少有大起大落的时候。在社交场合，他们往往是人群中的焦点，能够轻松地与人交流，让人感到愉快。

比如，《红楼梦》中的王熙凤，聪明伶俐、能言善辩，社交手腕高超，善于处理复杂的人际关系，情绪表现丰富，喜怒哀乐变化快，但做事时又冷静果断，充分展现了多血质人的特质。

（3）黏液质。黏液质的人通常是稳重踏实、耐心细致、善于倾听的。他们的情绪比较稳定，很少有大起大落的时候。在做事时比较细心，考虑问题全面，喜欢有条不紊地工作，对细节关注较多。但是，他们内向，可塑性较差，不善言辞，不热衷于社交，适应新环境或新情况的速度较慢。

比如，一些从事科学研究的人会展现出黏液质的特性，他们专注于研究，耐心细致，情绪稳定，对待工作一丝不苟，不轻易受外界影响，虽然可能在公众演讲或社交场合显得内向，但在科研工作中展现出极高的专注力和持久性。

（4）抑郁质。抑郁质的人通常内向敏感、深思熟虑、富有同情心。他们的情绪比较深沉，容易感到忧伤。在艺术和创作领域，他们往往是天才和创作者，能够创作出感人肺腑的作品。但是，抑郁质有一个明显的特点，就是在人际交往中往往显得被动、拘谨，不擅长主动建立或维持关系。

比如，《红楼梦》中的林黛玉这一角色，以敏感多疑、才情出众、情感丰富而著称，她常常独自沉浸在诗词歌赋中，对周围的人事有着敏锐的洞察力和深刻的感悟，同时又因为过于在意他人的看法和自身的命运而时常陷入忧郁和悲伤中，是抑郁质人的典型代表。

气质类型的划分只是一种理论模型，不能将一个人的气质简单地归为某一种类型，因为人的行为和表现是复杂多样的。在实际应用中，需要综合考虑多种因素，以更全面地了解和评估一个人的特点和行为。

3. 骨、肉、皮决定气质

我们常说，“这个人相貌好”，通常指物理相貌，那什么是物理相貌呢？物理相貌，简而言之，是指体外观的综合体现，由骨骼、肌肉、皮肤等生理结构，以及面部特征、脸型、肤色等视觉表现构成。

物理相貌是每个人独一无二的生物标识，由骨骼、肌肉（肉）、皮肤（皮）这三个基本要素共同构建而成。其中骨骼是相貌的框架，它决定了脸形的轮廓和基本结构；肌肉附着在骨骼上，为面部增添了立体感和饱满度；皮肤则是覆盖在骨骼和肌肉表面的保护层，它的状态直接影响到我们对外界的感知和表达。这三者共同作用，构成了我们独特而丰富的物理相貌。

再深一层，物理相貌与个体的心理特征、气质紧密相连。从这个意义上说，气质是人脸上的骨、肉、皮的不同状态带给人们的各种不同的心理感受，即气质与骨、肉、皮的不同状态息息相关。当我们欣赏一张脸时，要像欣赏一幅立体的肖像画，学会从骨、肉、皮的不同层面去感知和解读气质之美。比如，一个拥有高挺鼻梁、深邃眼窝的人，往往给人一种高贵、冷峻的气质；而一个面部圆润、肌肉饱满的人，则可能散发出亲切、温暖的感觉。这些不同的气质表现，正是骨、肉、皮在细微之处产生的差异所带来的。

下面，我们来简要介绍一下骨、肉、皮对气质的主要影响。

（1）骨：架构气质的基石。骨骼架构决定了人面部的基本形态，如颧骨的高度、下颌的线条、眉弓的弧度等。这些特征直接影响了人们的视觉感知，从而关联到特定的气质标签。比如，高挺的鼻梁、分明的下颌线往往与坚毅、果断的气质相连；柔和的轮廓、圆润的下巴则可能让人联想到亲切、温婉。正如雕塑家手中的刻刀，骨骼塑造了气质的“硬实力”，奠定了个体气质的基调。

（2）肉：演绎气质的灵动。肌肉，尤其是面部表情肌，是情绪与情感的直接传达者。微笑时眼周的细纹、思考时紧皱的眉头、惊讶时瞪大的眼睛……这些瞬息万变的表情动态，都是肌肉在“肉”的层面上对气质的精彩演绎。肌肉的饱满度、弹性以及运动的协调性，还影响着面部的饱满感与紧致度，对气质的表现有进一步强化或柔化的作用。比如，饱满光滑的苹果肌常与青春活力、乐观开朗的气质挂钩，而松弛下垂的肌肤则可能使人显得疲惫、消极。

（3）皮：渲染气质的色彩。皮肤的状态，包括肤色、肤质、光泽度等，如同一幅画作的色彩与质地，为气质增添了视觉与触觉的双重表现维度。健康的肤色、细腻的肤质、明亮的光泽，能够给人带来愉悦、舒适的心理感受，与积极、健康的气质相呼应；反之，暗淡、粗糙、油腻的皮肤状态，可能会引发观者的负面联想，削弱个体的吸引力。此外，皮肤上的痣、疤痕、皱纹等个性化印记，也在无声地诉说着个体的故事，增添其气质的深度与独特性。

综上所述，骨、肉、皮作为构成物理相貌的三大要素，分别从结构、动态、质感三个方面，全方位塑造并传达了个体的气质。它们相互交织、相辅相成，共同构成了气质的三维密码。理解并掌握这个密码，不仅有助于我们更深入地认识自己和他人，还能指导我们在日常生活中通过合理的饮食、锻炼、护肤等方式，有针对性地调整骨、肉、皮的状态，来提升或转变个人气质，展现更加理想的形象。

4. 四种相貌

为什么有些人长得并不出众，但看起来非常吸引人？他们似乎有一种特殊的气质，让人无法抗拒。仔细观察发现，这种气质并非仅来自他们的物理相貌，物理相貌只是他们吸引人的一个方面。除此，还有四种“相貌”——结构的相貌、视觉的相貌、心理的相貌和照片的相貌，同样可以展示人的外在形象，映射人的气质。

（1）结构的相貌。它就像一幅画的构图，决定了面部的整体框架。从发际线到额头，从颧骨到脸颊，再到下巴、耳朵和眉毛，每一个面部特征都如同画中的元素，共同构成了我们独特的结构相貌。一个完美的面部结构，往往能让人看起来更加和谐、美丽。而这种美丽，并非仅仅局限于外表，更多的是一种内在的气质和魅力的体现。例如，高耸的颧骨和尖锐的下巴可以给人一种冷酷又自信的感觉，而圆润的脸型则可能让人觉得亲切和可爱。

（2）视觉的相貌。如果说结构的相貌是面部的骨架，那么视觉的相貌则是骨架上的血肉。脸形、五官的布局和形状、肤色和肤质，都是构成视觉相貌的重要元素。一个拥有优美脸形、精致五官、健康肤色和良好肤质的人，无疑会给人留下深刻的印象。而这种印象，往往能够转化为一种独特的气质和魅力，让人在人群中脱颖而出。例如，一个拥有瓜子脸、大眼睛和高鼻梁的人可能会给人一种高贵而优雅的感觉；而一个拥有圆脸、小眼睛和塌鼻子的人可能会给人一种可爱而平易近人的感觉。

（3）心理的相貌。它涉及美丑与气质之间的关系。一个内心善良、乐观向上的人，即使相貌平平，也能散发出迷人的光彩；而一个内心阴暗、消极颓废的人，即使拥有再美的容貌，也难以掩盖其内心的丑陋。因此，真正的美丽，是源于内心的，是气质的体现。

（4）照片的相貌。在这个数字化时代，照片已经成为我们展示自己相貌的主要方式之一。然而，如何拍出一张能够展现自己气质的照片呢？这就需要我们注意照片的构图和角度。一般来说，60% 的正脸照片可以充分展现我们的五官和脸形，而 40% 的侧脸照片则可以更好地展现我们的面部轮廓和立体感。通过合理的搭配和拍摄角度的选择，我们可以拍出一张既真实又充满气质的照片。

上述四种相貌并不是孤立的，而是相互交织、相互影响的。结构相貌奠定了我们面部的基础，视觉相貌赋予了我们面部以立体感和质感，心理相貌则是我们内在气质的映射，而照片的相貌则是我们展示自己物理相貌的一种方式。这四种相貌共同构成了我们的整体形象，决定了我们在他人眼中的印象和感觉。

5. 气质的变化

气质并非一成不变，而是会随着人们的年龄、经历、环境、情感等因素而发生微妙的变化。就像一朵花，它的美丽不仅在于它的外表，更在于它所经历的风雨和阳光。

（1）气质的基本变化。有些人可能原本亲和、热情，但随着时间的推移，由于生活的压力、人际关系的变故等原因，他们的气质逐渐变得冷漠、疏离。同样，原本强势、自信的人也可能在某些情况下变得弱势、犹豫不决。这些基本气质的变化是生活中常见的现象，但如何应对和调整，却需要一定的智慧和方法。

对于从亲和到冷漠的气质变化，可以尝试从心态上进行调整。如试着去关注生活中的美好，多与家人、朋友交流，分享彼此的心情和经历。同时，也可以尝试一些如冥想、瑜伽等的放松活动，来缓解压力和焦虑。当我们的心态变得更加积极和开朗时，气质也会自然而然地回归到亲和的状态。

而对于从弱者到强者的气质变化，则可以尝试从提升自己的能力和信心入手。学习新知识、掌握新技能，让自己在各个方面都变得更加优秀。同时，也要学会接纳自己的不足，勇敢地面对挑战和困难。当我们在能力和心态上都得到提升时，气质也会逐渐由弱变强。

（2）气质的扩展变化。比如，一个原本强势的人可能在某些特定情境下变得弱势，而一个原本弱势的人也可能在某些情况下变得强势。这种变化会受到环境、情绪、心态等多种因素的影响。

对于这种气质的扩展变化，我们需要更加敏锐地观察和感知自己的内心世界，了解自己在不同情境下的心态和情绪变化，以及这些变化如何影响自己的气质。同时，也要学会在适当的时候调整自己的心态和情绪，以应对不同的挑战和机遇。

具体来说，可以尝试以下方法来应对气质的扩展变化。

首先，保持开放的心态。不要过于固执己见，而应该要接纳不同的观点和经验。这样可以让我们更加灵活地应对各种情境，避免因为过于僵化而导致气质的极端变化。

其次，培养情绪管理能力。学会识别和处理自己的情绪，避免因为情绪波动而影响气质的稳定。可以通过阅读、咨询等方式学习情绪管理的技巧和方法。

最后，建立积极的生活方式。保持健康的生活习惯和兴趣爱好，让自己始终处于愉悦和充实的状态。这样可以让自己更有自信和魅力，进而散发出吸引人的气质。

气质的变化是一个自然而然的过程，它伴随着人的成长和经历。而人只有不断地经历和成长，才能拥有更加丰富和多元的气质。其中，既要学会在各种情境下展现出最佳的气质，也要学会欣赏自己和他人的不同气质，以包容和理解的心态面对世界的多样性。

6. 气质的三个基本维度

在人际交往中，我们常常会对他人的气质产生不同的感受。有的人给人的感觉是刚毅坚定，有的人则显得柔和温婉；有的人散发着温暖的气息，有的人则显得冷漠疏离；还有的人洋溢着青春的活力，有的人则透露出沉稳的老成。这些不同的气质特点，其实都源于气质的三个基本维度：刚—柔、冷—暖、老—幼。

（1）刚—柔。

刚，代表着坚定、果断、有力；柔，则代表着温和、柔顺、包容。这两种气质特点在人们的日常生活中都有所体现。比如，一个刚毅的人，在面对困难和挑战时，能够坚定不移地迎接挑战，勇敢地迈出向前的脚步；而一个柔和的人，则更擅长倾听和理解他人，能够以温和的态度化解矛盾，营造和谐的氛围。

由图 2-2 可知，从左到右，模特的脸逐渐从柔变刚，骨性特征越来越明显，模特看起来也似乎从女人的相貌慢慢变成了男人的。

当然，刚与柔并不是绝对对立的，而是可以相互融合、相互转化的。一个刚毅的人，也可以在适当的时候展现出柔和的一面，以更加圆融的方式处理问题；而一个柔和的人，也可以在必要的时候展现出坚毅的态度，保护自己和他人。这种刚柔并济的气质，是我们在人际交往中需要不断学习和培养的。

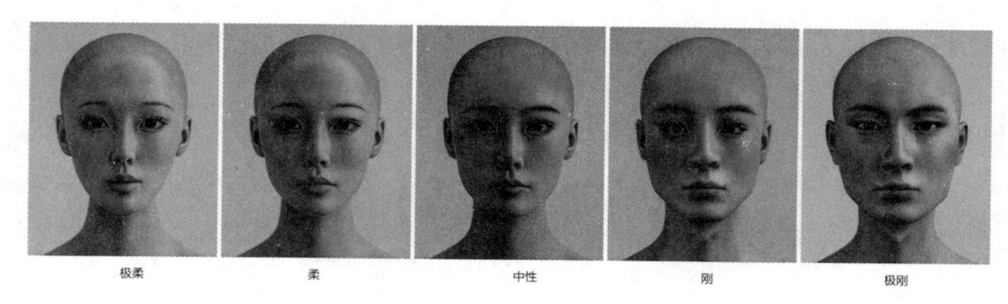

图2-2 刚柔与人脸

（2）冷—暖。

冷，往往代表着冷静、理智和距离感；暖，则能够传递出热情、亲切和温暖。一个人的气质中，冷与暖的比例也会影响到他给人的感觉。一个优秀的心理医生，她的气质中既要有冷的一面，使其能够保持客观、理性的分析；也要有暖的一面，能够给予患者足够的关心和支持。要培养出这种冷暖相宜的气质，可以尝试在与人交往中保持适当的距离感，同时又不失热情和真诚。在沟通时，可以用平和的语气表达观点，同时用微笑和眼神传递温暖和关怀。

由图 2–3 可知，从左到右，由冷到暖变化，模特由拒人千里之外的感觉逐渐变得亲和。

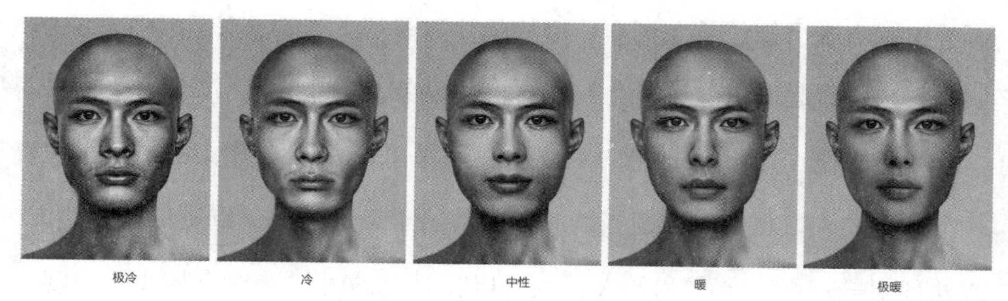

图2-3 冷暖与人脸

（3）老—幼。

气质的维度中，老和幼的特质与质感和皮的概念有着紧密的关联。老，代表着岁月的沉淀和智慧的积累，映射出的是一种深厚的质感，如同历经沧桑的古木，散发出沉静而优雅的气息。这种质感，既体现在外在的形态上，也融入了内在的品格之中。而幼，则象征着生命的活力和纯真的好奇，它如同一张未经雕琢的皮，充满了无限的生机和可能。

一个人的气质中，既需要有老的一面，显露出深厚的内涵和阅历，也需要有幼的一面，展现出对生活的热爱和好奇心。一名优秀的教师，她的气质中就完美地融合了老与幼。她既能用丰富的知识和经验来引导学生，又能用童心和热情来激发学生的学习兴趣。为了培养这种老幼相宜的气质，我们可以多阅读、多思考，提升自己的知识水平和见识；同时，也要保持一颗童心，对世界充满好奇和热情。

由图 2-4 可知，由幼到老，皮肤的饱满度、细腻度和平整度越来越差，这种变化，特别有从小孩变成上了年纪的人的感觉。

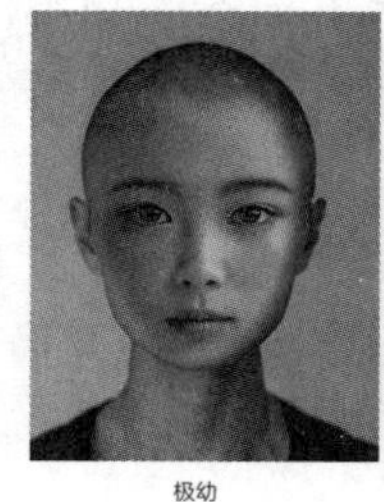
极幼

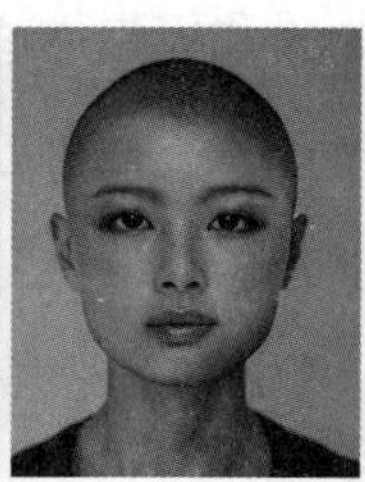
幼

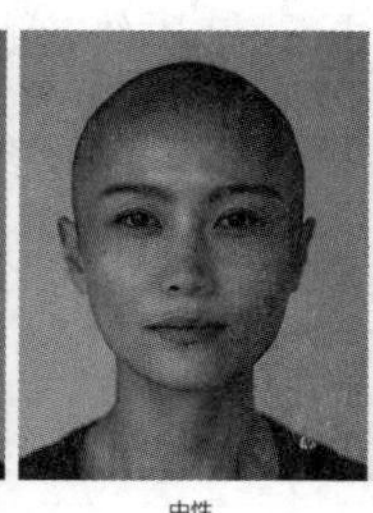
中性

老

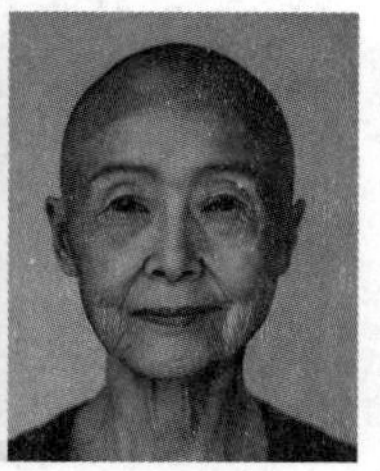
极老

图2-4　老幼与人脸

气质的三个基本维度：刚—柔、冷—暖、老—幼，在人际交往中发挥着重要作用。它们相互交织、相互影响，共同构成了我们独特的气质特点。当然，每个人的气质都是独一无二的，无须刻意追求某种特定的气质类型。重要的是，要学会在不同场合下灵活运用这三个维度，以让自己展现出最适合的气质特点，从而做到更好地与他人相处和交流。

气质是一个复杂且多维度的概念，它不仅涵盖了刚柔、冷暖、老幼等基本维度，还有两个扩展气质维度，分别是聪—笨、轻—重。

“聪—笨”这一维度体现了一个人的智力感和聪慧度。聪，代表着智慧、敏锐和洞察力，拥有这种气质的人往往思维敏捷，能够迅速理解和应对各种复杂情况。他们通常具备较高的学习能力和创新能力，能够在各个领域中脱颖而出。而笨则可能意味着迟钝、缺乏思考或理解能力有限。

“轻与重”主要反映了一个人的安全感和可靠度。轻，代表着轻松、自在和无忧无虑，这种气质的人通常给人一种轻松愉快的感觉，他们善于释放压力，能够轻松应对生活中的各种挑战。而重，则可能意味着沉重、压抑或缺乏安全感，这种气质的人可能更容易感到焦虑和不安。

三个基本气质维度与两个扩展气质维度，为我们提供了更加全面和深入地理解人性的途径。通过认识和运用这些维度，我们可以更好地塑造自己的气质形象，展现出更加独特和吸引人的个人魅力。

7. 气质空间与形态、颜色、质地

气质不仅仅是由内而外散发出来的，更是外在的形态、颜色和质地带给我们的心理感受。在人类的视觉世界中，形态、颜色和质地构成了我们感知人事物的基础元素。而当这些元素与“气质”这一概念相结合时，便形成了一种独特而深刻的表达方式。

图 2–5 形象地展现了气质空间与形态、颜色、质地之间的微妙关系，以及它们如何共同塑造我们对事物的感知力和理解力。我们可以通过观察人和物的形态、颜色、质地等特征，来推测其可能的性格特质。

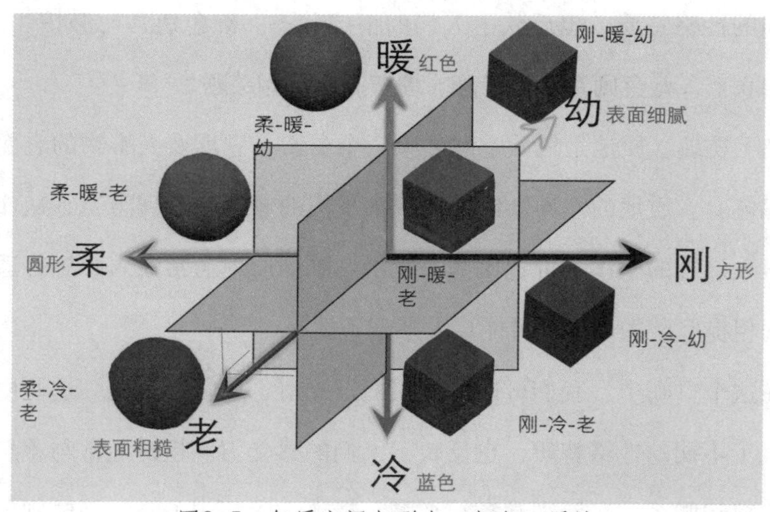

图2–5　气质空间与形态、颜色、质地

（1）形态。形态是气质空间中的第一个要素，它决定了人事物的外在表现和基本结构。无论是自然界的万物还是人造的物品，其形态都在很大程度上决定了我们的第一印象和感受。比如，尖锐的形态可能让人感到锐利和紧张，而圆润的形态则可能带来温馨和舒适的感觉。

在这个空间中，我们可以看到球形、立方体等形状。这些形状不仅代表了不同的气质特点，也反映了人们的思维方式。表面光滑的球形通常与圆润、灵活、变通相联系，反之亦然。

（2）颜色。颜色是气质空间的第二个要素，它赋予了事物独特的视觉特征和心理效应。不同的颜色能够引发不同的情感反应和联想，从而影响我们对事物的认知和感受。比如，暖色调通常让人感到温暖和亲近，而冷色调则可能带来冷静和疏离的感觉。在气质空间的塑造中，巧妙地运用颜色可以创造出丰富多样的氛围和情感体验。

在这个空间中，我们可以看到红色、蓝色等颜色。这些颜色不仅代表了不同的性格特质，也反映了人们的情感状态。红色通常与激情、活力、热情相联系，蓝色则常常与平静、理智、深沉相关联。

（3）质地。质地是气质空间的第三个要素，它涉及人事物的表面特性和触感体验。质地的差异会给人们带来不同的触感和心理感受，从而影响人们对人事物的整体评价。比如，光滑细腻的质地通常让人感到舒适和愉悦，而粗糙坚硬的质地则可能让人感到不适。

在这个空间中，我们可以看到粗糙、光滑、细腻等质地。这些质地不仅代表了不同的性格特质，也反映了人们的感受力。粗糙通常与粗犷、豪放、直接相联系，光滑则常常与细腻、精致、含蓄相关联，细腻则象征着敏感、体贴、关怀。

在气质空间中，通过形态、颜色、质地这三个基础元素，可以组合成多种气质。当我们想要表达某种特定的气质时，可以在这三个要素上进行巧妙的组合和搭配。比如，“刚—暖—幼”这种组合可能代表了一种既坚定又热情，同时又不失童真的气质；“柔—冷—老”则可能是一种沉稳、内敛，同时又富有智慧的气质类型。

气质空间与形态、颜色、质地之间的关系是一种动态的、相互依存的关系。它们共同构成了一个多维度、多层次的视觉体验体系，让我们能够更加深入地理解和感受事物的内在魅力。

8. 气质空间与人脸

人脸，作为人类最直接、最生动的情感表达工具，其形态、表情、肤色等特征都在无形中塑造着气质空间。在心理学、人类学以及计算机科学等多个领域，人脸及其特征都是研究的热点。特别是近年来随着人工智能技术的发展，面部表情识别、人脸特征分析等技术在许多场景中得到了广泛应用。

在普林斯顿大学人际感知实验室的研究中，人脸与气质之间的关系得到了深入的探讨。实验室通过一系列的实验和数据分析，揭示了人脸特征与气质之间的密切联系。其中，一张以“中性”为圆心，以暖—冷、柔—刚、老—幼为坐标轴的示意图（见图 2-1），为我们提供了一个用于分析人脸与气质空间关系的直观而清晰的框架。

下面，我们结合该实验室的研究成果，来探讨人脸与气质之间的关系，以及人脸特征如何影响和塑造气质空间。

首先，我们来看以中性为圆心的设定。中性表情是人脸最基础、最自然的状态，它代表了无特定情感倾向的平静状态。以中性为圆心，意味着其他表情和气质特征都是从这个基础状态出发，进行不同程度的扩展和变化的。这符合气质空间的相对性和连续性，即气质并不是一个绝对的概念，而是在不同情境下表现出的相对状态。

其次，我们来看横轴，它代表了面部从“骨感弱”到“骨感强”的变化。在“骨感强”一端，人脸看起来更加饱满、圆润，这种特征通常给人一种温暖、亲切的感觉，往往代表了一种柔和、顺从的气质。而在“骨感强”一端，人脸的轮廓更加清晰、分明，往往传达出一种坚韧、倔强的气质。这种变化反映了人脸从柔和到硬朗的气质过渡。

再次，我们观察纵轴，它涉及了多种气质特征的综合变化。在纵轴的上半部分，可以看到“阳光”“肤质细腻”等标签，这些特征通常与积极向上的气质相联系，给人一种明朗、活力的感觉。而在纵轴的下半部分，“衰丧”“凶悍”等标签则暗示了一种更为消极、强硬的气质特点。这种变化展示了人脸从积极阳光到消极强悍的气质演变。

最后，我们来看“老—幼”这条轴线，它代表了从老年到幼年的气质变化。在“老年”一端，人脸通常展现出一种成熟、稳重的气质，同时伴随着岁月的痕迹和智慧的沉淀。这种气质给人一种深沉、内敛的感觉，体现了人生的积淀和阅历。而在“幼年”一端，人脸则展现出一种天真、活泼的气质，充满了朝气和生命力。这种气质给人一种无忧无虑、充满好奇心的感觉，是童真和活力的体现。

当我们将这三条轴线结合起来分析时，可以观察到气质空间中的多维度变化。例如，一个具有肉感且偏向幼年的面孔，可能展现出一种可爱、天真的气质；而一个骨感且偏向老年的面孔，则往往会传达出一种坚毅、沉稳的气质。这些不同的组合为我们展示了人丰富的气质类型和变化。

由此可见，气质的变化并不是单一轴线上的简单过渡，而是多个轴线交织影响的结果。一个人的气质可能同时受到其面部特征、年龄、性格、生活经历等多种因素的影响。因此，在解读气质空间图时，应综合考虑各个轴线的变化，以及它们之间的相互作用。

气质解码：明明不丑，为什么看上去没有气质？

当我们谈论一个人的气质时，往往会联想到他/她的穿着、言谈举止，以及面部表情等多方面因素。然而，有时候我们会遇到一些人，他们尽管五官分明、身材匀称，却给人一种没有气质的感觉。

一个人的面部线条、肤色以及眼神等都会影响其整体气质的呈现。例如，面部线条过于僵硬或缺乏柔和感，可能会让人显得呆板；肤色暗沉或不均匀，也会影响到整体的美感；而眼神缺乏自信或活力，则会让人显得无神。

那如何改变这些特征，让自己显得更“洋气”呢？最直接有效的方法就是化妆。化妆是一种通过使用化妆品来改变或增强一个人的外貌特征的技术。它可以用来改善人面部的缺陷，使皮肤看起来更光滑、更均匀，也可以用来强调面部的优点，使眼睛看起来更大、更明亮，嘴唇看起来更丰满等。

下面是一些建议，可以帮助读者通过化妆来改善这些缺陷。

（1）改善额头低矮。额头低矮可能会给人一种脸部比例不协调的感觉，通过化妆可以有效拉长额头线条，提升整体脸形。

使用浅色粉底或高光产品：在额头中央部位使用浅色粉底或高光产品，打造明亮效果，有助于拉长额头线条。注意选择与肤色相近的色号，避免色差过于明显。

修饰发际线：使用与发色相近的眉粉或修容粉，轻轻修饰发际线，使额头显得更加宽阔。注意不要过于浓重，以免显得突兀。

（2）改善太阳穴狭窄。太阳穴狭窄可能会让脸部显得过于紧凑，通过化妆可以拓宽太阳穴，使脸部轮廓更加和谐。

使用深色修容粉：在太阳穴下方使用深色修容粉，打造出阴影效果，在视觉上营造出太阳穴宽阔之感。注意修容粉的晕染要自然，避免过于生硬。

利用高光提亮：在太阳穴上方使用高光产品，提亮该区域，与下方的阴影形成对比，进一步凸显太阳穴的宽阔感。

（3）改善鼻山根低陷。鼻山根低陷可能会让鼻子显得不够立体，通过化妆可以提升鼻子的高度，让鼻子看上去更加立体。

使用深色修容粉：在鼻翼两侧使用深色修容粉，打造出阴影效果，从而突出鼻梁的高度。注意修容粉的晕染要均匀，避免出现斑驳痕迹。

提亮鼻梁：使用高光或浅色粉底，在鼻梁上方轻轻提亮，使鼻梁显得更加立体。高光产品的选择要与肤色相衬，避免过于闪亮。

（4）改善嘴凸。嘴凸可能会让脸部显得不够协调，通过化妆可以修饰嘴部线条，使嘴部与整体脸形更加和谐。

使用深色口红：选择深色调的口红，有助于收缩嘴部线条，减少嘴凸的视觉感。同时，深色口红还能增加成熟气质。

修饰唇形：使用唇线笔勾勒出理想的唇形，再填充口红，使嘴部线条更加流畅、自然。注意唇线笔的颜色要与口红相近，避免出现色差。

（5）改善下巴后缩。下巴后缩可能会让脸形显得不够完美，通过化妆可以拉长下巴线条，使脸形看上去更加优美。

使用深色修容粉：在下巴下方使用深色修容粉，打造出阴影效果，从而拉长下巴线条。注意修容粉的晕染要自然，避免过于浓重。

提亮下巴：在下巴中央使用高光产品，提亮该区域，让下巴显得更加立体、饱满。注意高光的选择要与肤色相协调，避免过于突兀。

除了针对各个部位的化妆技巧，还需注意整体妆容的协调与和谐。如选择合适的粉底，打造自然无瑕的底妆。注意粉底的质地要轻薄，避免厚重感。或者注重眼部妆容，通过眼影、眼线和睫毛膏的搭配，突出眼部轮廓，吸引视线，从而转移对脸部缺点的注意力。在化妆过程中，要注重保持妆容的自然感，避免过于浓重或夸张。总之，通过细腻的化妆技巧，让妆容与肤色、五官相融合，达到修饰脸形、提升气质的效果。

需要注意的是，化妆只是一种辅助手段，能够在短时间内提升面部美感，但并不能从根本上解决面部特征或气质上的不足。要想长期改善面部轮廓和提升整体气质，还需要依赖健康的生活方式和适当的锻炼。例如，面部瑜伽和面部按摩等运动能够促进面部血液循环，缓解面部肌肉的紧张状态，令面部线条更加柔和、自然。

第三章
正向气质与负向气质

气质以多种形态存在，或积极，或消极，共同构建着我们的个性和与外界的互动方式。正向气质如同阳光，照亮我们的人生道路，带给我们自信和力量；而负向气质则如同阴霾，阻碍我们的成长，甚至让我们陷入困境。

1. 12种正向气质

在这个五彩斑斓的世界里，每个人都被赋予了一种独特的气质，它如同个人的专属印章，让我们在茫茫人海中独树一帜。面部的气质，并非一蹴而就的装饰，而是经过岁月洗礼与经历磨砺后的自然流露。它可以是从容不迫的优雅，也可以是坚定无畏的自信；它可以是阳光般灿烂的笑容，也可以是春风拂面的亲和力。

人脸上的正向气质更多的是来源于社会定位，不同的社会定位之间呈现出的气质有明显不同，如艺术家和企业家的气质就有明显差异。下面，就让我们一起探究12种令人心驰神往的正向气质，感受它们由内而外散发出的无尽魅力吧！

（1）温暖。

《说文解字》道：煖（暖），温也。从火而声。在气质美学领域中，也对温暖也做出了相关定义：温暖，即一个人看起来有亲和力、喜悦、和气的样子。

在社会定位层面，温暖的气质更多出现在那些需要经常和人打交道的人身上。比如，销售人员、教师、政府部门基层干部等，他们温暖亲和的气质，可以让人更好地接近，减少他人的防备心理，从而更好地做工作。

在心理学层面，温暖的人往往容易获得别人的信任。温暖和年龄没有太大关系，每个年龄段的人都可以有温暖的气质。一般来说，温暖气质没有社会定位限制。

（2）可爱。

“可爱”一词最早出自《书经·大禹谟》：“可爱非君？可畏非民？”在古代语言体系中，“可爱”是值得敬佩、爱惜的意思。在气质美学领域里可爱的定义为：可爱，就是一个人看起来单纯、灵动、幼态的样子。

可爱的气质会有一定的社会定位限制。在某些职场上，如政治场合，需要成熟的气质，那就不适合可爱的气质，这会给人初出茅庐没有经验的感觉。在年龄层面，可爱气质更多是在 18 岁 ~35 岁间，如果我们形容一个 40 或者 50 岁的阿姨长得可爱，那对于阿姨来说这不见得是一件值得开心的事。

（3）知性。

知性，就是一个人看起来有文化、有学识、聪慧优雅的样子。在社会定位层面，知性针对的主要是知识阶层，当我们看到一个女老师，一个女性作家等文化工作者时，我们可能就会用知性来表达我们对她们的感觉。当然，如果一个女性喜欢读书、思考，那么她也有可能会有知性气质。在年龄层面，知性气质也是有着一定的要求，需要这个人比较成熟，我们不会形容一个中学生知性，更不会说一个小孩长得知性。

（4）迷人。

迷人是指一个人看起来有魅力的样子。在社会定位层面，迷人的气质更多出现于演艺工作者在演绎一些特定角色的时候，而像企业家、政府工作人员、老师、律师等职业就不适合迷人气质，会给人不严肃的感觉。

（5）贵气。

在气质美学领域中，贵气是指一个人看起来高贵有距离的样子。通常，在普通人身上很少能看到贵气气质，一般贵气的人都是那些有一定社会地位的人，比如一些大企业高管。

（6）大气。

“大气”源自古语“大器”，现今演变成了“大气”这个词语，用来指心胸宽广。在气质美学领域中，大气是指一个人看起来豪爽、心胸开阔、大方的样子。在社会定位层面，大气的气质和社会定位没有太大关联，也没有社会定位限制可言。在年龄层面，大气的气质对年龄的限制不大。

（7）清冷。

清冷，即一个人看起来不容易亲近、高冷、孤傲冷漠的样子。这种气质更多地出现在模特身上。当然，有些人不宜表现出这种气质，如销售人员、幼儿园老师、护士等，他们更需要表现出亲和力。

（8）阳光。

“阳光”的本意指太阳光，也寓意积极向上，活泼有朝气。在气质美学中，阳光就是一个人看起来积极向上、乐观开朗、外向的样子。阳光的气质和社会定位没有太大关联，也没有社会定位限制可言。在年龄层面，阳光气质在年龄上相对要年轻一些。

（9）福气。

“福”本义是（神祖）保佑，即《说文解字》中的“祐也”，后引申为富贵寿考等齐备。在气质美学中，福气就是一个人看起来幸福、无忧无虑的样子。福气对脸部的肉感要求很高，只有脸上的肉多，别人才会联想到福气。福气的气质更多地出现在家庭幸福美满的女性身上，福气没有社会定位限制。

（10）英气。

英气，就是一个人看起来英姿飒爽的样子。在社会定位层面，英气气质更多地出现在做事干练的女性身上，在很多女性军人身上我们常能感觉到英气的气质，英气最核心的是略微骨性的感觉，眉眼之间就会散发出英气。

（11）温柔。

温柔，这种气质仿佛是一股清泉，流淌在人的内心深处，使人看起来性情温和柔软，温婉恬静。它并非软弱无力的代名词，而是代表着一种平和、宽容与理解。拥有温柔气质的人，往往能够在与人交往中散发出一种独特的魅力，使人愿意亲近并信任他们。

温柔的气质并不适合所有职业。例如，外交官、谈判官和律师等需要与人进行激烈谈判的职业，往往需要一种更为果断、强硬的气质来应对各种复杂情况。在这些职业中，过于温柔的气质可能会让人显得缺乏自信和决断力，难以在谈判中取得优势。

（12）权威。

权威就是一个人看起来有令人信服和有威望的样子。在社会定位层面，权威气质更多地出现在领导或者行业领军人的身上，在很多领导人身上，可以感觉到权威的气质。

以上是常见的 12 种正向气质。在调整气质时，要考虑自己的面部结构，应以自然、和谐为原则，要避免盲目追求某种固定的气质模式。比如，有的人可能天生面部线条较为硬朗，如果过分追求柔和温婉的气质，可能会显得不自然，甚至失去原有的个性魅力。同样，对于面部较为圆润的人来说，过分强调棱角分明的气质也可能并不合适。

2.13种负向气质

人的内心世界犹如一幅层次丰富、色调交织的油画，脸庞上展现出的气质亦是如此，绝非单一色调可以概括。每个人的性格特质犹如彩虹般多元，既有阳光明媚的正向气质，为我们的生活注入活力与希望，也有如乌云蔽日的负向气质。

在女性脸上，常见的负向气质有13种，分别是辛苦、委屈、纠结、寡淡、刻薄、凶相、愚钝等。它们会在特定情境下或内心深处投射出一道道暗影，微妙而深刻地影响着我们的感知、决策与人际关系。

（1）辛苦。

当一个人的面部表情、神态和整体风貌所传达出的是一种承受压力、经历困苦、身心疲惫的状态时，就会展现出辛苦的气质。长期处于压力之下的人，其面部肌肉往往呈现紧绷状态，尤其是眉心、嘴角、眼周等部位可能出现明显的皱褶或纹路。眉头紧锁、嘴角下垂、眼窝深陷或眼周浮肿，这些都是面部辛苦气质的直观表现，反映出了内心的忧虑、疲倦或痛苦。面部辛苦的气质并非固定不变，它可能会随着个体所处环境、心境变化及应对压力的方式而有所波动。

（2）委屈。

委屈，是一种通过面部表情、神态和整体风貌所传达出来的内心压抑、不满、而又无法充分表达或释放的状态。委屈气质的人常常眉头紧锁，呈现出一种困扰、不满或压抑的情绪。他们的嘴唇可能会紧紧抿在一起，暗示内心的忍耐与克制，有时还可能伴有轻微的咬唇动作，显示内心的纠结与挣扎。眼神是情绪的重要窗口，拥有委屈气质的人，眼神可能闪烁不定，回避直接的目光接触，反映出他们内心的矛盾、困惑或回避的问题。

委屈的气质通常源于个体在面对不公平待遇、内心冲突、沟通障碍或其他压力源时，感到无法有效表达或解决自己的诉求，从而将情绪内化为一种委屈的状态。

（3）纠结。

面部纠结气质最直观的体现便是眉头紧锁，形成深深的川字纹，这既是内心矛盾与困扰的外在印记，也是思考、权衡过程中无意识的生理反应。受纠结情绪的驱使，面部肌肉会不自主地出现微小的颤动，特别是在眼睑、嘴角和下巴等部位。同时，面部整体会呈现出一种紧张状态，皮肤紧绷，轮廓线条显得更为明显，仿佛内心的压力在向外渗透，试图寻找释放的出口。这种气质往往源于个体面临重大抉择、内心冲突、价值观碰撞等复杂情况时，内心深处的矛盾与挣扎难以迅速化解。

（4）寡淡。

“寡”字最早见于西周金文，本义是指男女丧偶，后专指女子丧偶。在气质美学领域中，寡淡是指一个人看起来不宜亲近，特立独行。

寡淡气质和清冷气质类似，但是寡淡的脸部“少肉”的程度更甚，清冷脸部是平直，但不能凹陷。在生活经历层面，性格比较凉薄的人，没有那么多情感需求的人比较容易出现寡淡气质。

（5）刻薄。

刻薄，是指待人、说话冷酷无情，苛求。具有这种气质的人比较自私，并显出一种尖酸刻薄的样子。该气质首要表现在面部表情的冷硬与严厉。眼神如鹰般锐利，时而凝视，时而扫视，似乎总在寻找他人的弱点或错误。眉毛时常紧蹙，形成倒“八”字形，透露出不满或质疑的情绪。嘴角常常微微下垂或紧抿，流露出不屑、嘲讽甚至愤怒的意味，鲜见友善或接纳的笑容。

（6）凶相。

凶相，是指一个人看起来凶狠、凶悍、脾气不好。性格蛮横，脾气暴躁的人容易出现凶相气质。其主要面部特征：表情严峻、眼神犀利、线条强硬，整体呈现出一种不易亲近、颇具震慑力的印象。

（7）愚钝。

愚钝，意思是愚笨迟钝，反应迟慢。面部具有这种气质的人，看上去比较呆滞，不灵活不聪明。该气质的主要特征：面部表情呆滞、眼神空洞、线条模糊，整体呈现出一种缺乏智慧光芒、反应迟缓的视觉效果。当然，这种气质也可能和遗传相关。

（8）软弱。

这种气质往往体现在柔和的五官线条上，没有过多的棱角，给人一种温婉可人的感觉。眉毛或许并不浓密，眼神中透露出的是善良与纯真，而非锐利与坚定。嘴角常挂着淡淡的微笑，但那笑容中似乎藏着些许无奈与妥协，仿佛在面对生活的种种压力时，总是在选择退让与包容。经常受欺负，没有安全感的人容易出现软弱气质。拥有这种气质的人或许需要学会在适当的时候展现出坚强与果敢，以平衡内心的柔软与外界的坚硬。

（9）小气。

具有这种气质的人，面部轮廓、五官通常较为紧凑，不够舒展缺乏大气感。目光闪烁不定，透露出对物质利益的过分关注，似乎总在算计得失。笑容难得一见，即使笑也显得勉强，缺乏真诚的喜悦。

此外，面部的小气气质还体现在整体表情的僵硬与拘谨上。这类人在人际交往中往往显得不够大方，容易因为一点小事而斤斤计较，给人留下难以相处的印象。他们的面部表情常常显得紧张，缺乏从容与自信，这也在一定程度上加剧了他们的小气气质。

（10）颓丧。

当一个人面部表现出一种难以掩饰的消极与失落感时，会显现出颓丧的气质。其主要特征：面部线条往往显得松弛无力，缺乏生气与活力；眼睛可能显得无神，目光空洞，仿佛失去了对生活的热情与期待；透露出疲惫与厌倦；嘴角往往下垂，形成一种苦涩的弧度，仿佛承载着无尽的忧愁与苦闷。另外，皮肤暗沉无光，缺乏健康的光泽，会进一步加深颓丧的印象。性格比较悲观，经常都处于消极情绪的人容易出现颓丧气质。

（11）阴冷。

这类人的面部轮廓可能较为刚毅，线条分明，但缺乏柔和与温暖。眼神冷漠而深邃，仿佛能洞察人心，却又让人不敢直视，透露出一种不易亲近的疏离感。如果皮肤色调偏冷，缺乏红润，将会更增添阴冷的气质。

另外，这类人的面部表情通常较为固定，缺乏明显的情感波动，即使在人群中，他们也往往保持着一种孤傲而独立的姿态。性格比较冷漠，心思深的人容易出现阴冷气质。

（12）狡诈。

狡诈气质往往会给人一种心机深沉、难以捉摸的印象。该气质的主要面部特征：眼神闪烁不定，仿佛总在算计着什么，透露出一种不诚实的狡黠；嘴角常挂着一丝难以捉摸的微笑，那笑容中似乎藏着不为人知的秘密，让人难以捉摸其真实意图。具有这种气质的人，与人交往时表现得十分圆滑，言辞间充满了模糊与暧昧，让人难以捉摸其真实想法。

（13）违和。

具有这种气质的人，其表情和动作往往显得突兀或不合时宜，给人一种格格不入的感觉。该气质的主要面部特征：眼神可能显得过于锐利或呆滞，与周围人的交流缺乏默契，难以融入集体氛围；眉毛的形状和角度也可能与整体面部特征不搭配，给人一种不协调的视觉印象；嘴角弧度、面部肌肉的运动可能显得僵硬或不自然，难以表达出与情境相符的情感。要改善这种气质特征，需要增强自我认知，调整心态和行为方式，以更好地适应周围环境。

以上是 13 种女性常见的负向气质，它们与正向气质并非截然对立，而是如同光影交错，共同构成了个体性格的复杂维度。它们相互作用，相互影响，既可能相互制衡，也可能相互强化。

3. 正负向气质的计算

除了感觉的不同，正向气质和负向气质在计算上也有很大的区别。这主要体现在对气质特征进行量化评估时所采用的方法和指标上。

在计算正负向气质时，可以采用类似加权平均法或模糊综合评价法等方法，将上述指标进行量化评估，并得出一个综合分数。这个得分可以反映个体在负向气质方面的表现水平。

（1）正向气质计算。

在计算正向气质时，主要考虑以下几个方面。

①颜值或正向气质指数。颜值或正向气质指数是一个衡量个体正向气质程度的指标。这个指数越高，说明个体的正向气质越强。颜值或正向气质指数可以通过以下公式计算：

$$A = | k / f(x) |$$

其中，A 表示颜值或正向气质指数，k 是一个常数，$f(x)$ 表示部位状态的变化。

②部位状态。部位状态是指个体在特定情境下的心理和生理状态。部位状态的变化会影响个体的正向气质表现。部位状态越接近黄金比例值，分数就越高。

③正向气质参数最佳值。正向气质参数最佳值是指个体在特定情境下表现出最佳正向气质的参数值。这个参数值可以通过实验或者观察得到。当个体的部位状态越接近这个参数最佳值，说明其正向气质就越高。

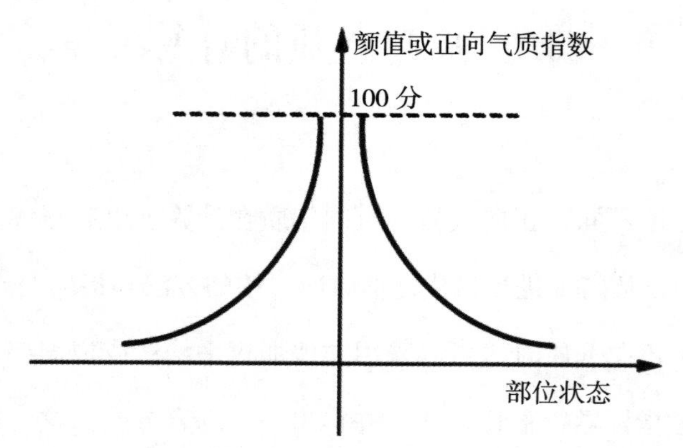

图3-1　颜值与正向气质的函数关系

④最佳值点（区间）。正向气质存在一个最佳值点（区间），相关参数超过这个点（区间），或者达不到这个点（区间），都会影响正向气质的表现强度。我们在最佳值点（区间）加更多权重，这一点和颜值计算是一样的，颜值计算也存在一个最佳值点（区间）。

（2）负向气质计算。

负向气质的计算方法如下。

① 确定部位状态变化。

首先需要确定个体在特定情境下的部位状态变化。部位状态的变化会影响个体的负向气质表现。部位状态越偏离黄金比例值，分数就越低。

②计算负向气质指数。

负向气质指数是一个衡量个体负向气质程度的指标。这个指数越高，就说明个体的负向气质越强。负向气质指数可以通过以下公式计算：

$$A = |k \times f(x)|$$

其中，A 表示负向气质指数，k 是一个常数，$f(x)$ 表示部位状态的变化。

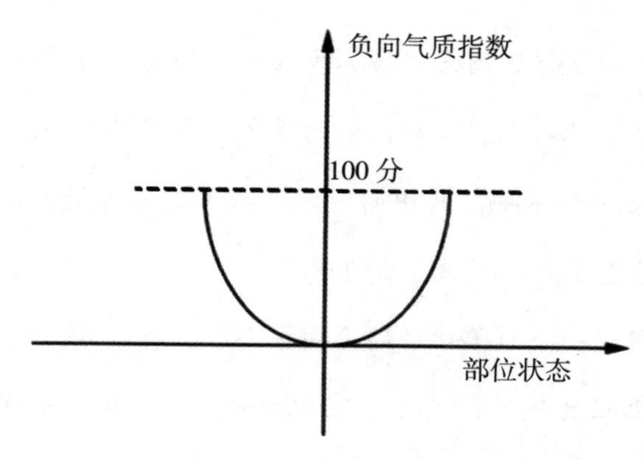

图3-2　负向气质的函数关系

③判断负向气质程度：根据负向气质指数的大小来判断个体的负向气质程度。负向气质指数越大，就说明个体的负向气质越强烈。

④结合部位状态和黄金比例值。部位状态和黄金比例值的差异越大，说明负向气质越高。因此，在计算负向气质时，需要将部位状态和黄金比例值结合起来考虑。

通过以上步骤，就可以计算出个体的负向气质程度了。

需要注意的是，气质是一个复杂的概念，受到多种因素的影响。因此，在计算气质时，需要综合考虑多个方面的指标，并结合具体的情境和背景进行分析和评估。同时，不同的计算方法和指标可能存在差异和局限性，需要根据具体情况进行选择和应用。

气质解码：气质差了点儿，要不要“妆”一下？

你是否经历过这样的场景：当你步入一个房间，瞬间感受到众人的目光齐刷刷地聚焦在你身上，那种微妙的气氛让你不禁心跳加速，内心也涌起一股莫名的紧张和不安。其中的原因，很可能是你的气质出现了问题。如果确实是气质差了点，那该怎么办呢？

很多人会想到一个简单粗暴的办法——装，将注意力集中在外貌的修饰上。其实，真正的气质，是无法装出来的，它就像是一种内在的磁场，自然而然地散发出来，让人感受到你的独特魅力。如果你硬要装出一种气质，反而会让人觉得不自然、不舒服。

那究竟该如何短时内提升个人气质呢？正确的做法是，应当学会“妆”而非“装”。妆，是修饰与提升；装，则是虚假与做作。那么，如何巧妙地“妆”出气质？

下面，我们结合实例，讲一讲如何通过适当的美妆来助力气质的塑造与表达。

李小姐是一位职场新人，尽管她是名校毕业，具备扎实的专业知识与积极的工作态度，但在参与一些重要的商务会议时，经常因为气质稍显稚嫩而感到压力。为了迅速融入团队，展现专业、成熟的形象，她借助了美妆手段对自己的气质进行调整。

（1）初始状态：清新自然妆。李小姐平日习惯以清新自然的妆容示人，底妆轻薄，眼妆简洁，唇色淡雅，眉形自然平直，整体风格与她的年轻活力相得益彰。然而，这样的妆容在商务场合略显稚嫩，缺乏足够的专业感与权威感。

（2）目标风格：商务精英妆。为了帮助李小姐在商务会议上展现出专业、成熟的气质，美妆师将她的妆容调整为商务精英风格。这种妆容注重底妆的质感、眼妆的深邃、唇色的稳重以及眉形的力度，旨在凸显其内在的专业素养与外在的自信风貌。

（3）调整步骤与影响分析。

①精致底妆。选用具有较好遮瑕力的粉底液，均匀涂抹全脸，着重提亮T区，增强面部立体感，打造出无瑕、通透且具有一定光泽的底妆，奠定专业、干练的妆容基调。

②深邃眼妆。运用大地色系眼影，通过晕染技巧来增强眼部轮廓，突出眼窝深邃感。适当拉长眼线，加粗睫毛，使眼神更加专注、坚定，展现职场精英的敏锐洞察力与决策力。

③稳重唇色。舍弃亮丽的粉色或橙色，选择裸色、豆沙色或酒红色等低调且不失质感的唇膏，既符合商务场合的严谨氛围，也能增添成熟韵味，彰显专业素养。

④力度眉形。将自然平直的眉形调整为微挑或平直带弧度的眉形，适当加粗线条，使眉形更加立体、有力，与眼妆、唇色相协调，提升整体妆容的气场，展现自信、果断的职业气质。

通过上述美妆调整，李小姐在商务会议上的形象焕然一新，原本稍显稚嫩的气质得到了显著提升，成功塑造出了专业、成熟的商务精英形象。这不仅增强了她在职场中的自信心，也赢得了同事与客户的尊重与认可。从整体上看，李小姐的这种气质未非刻意“装”出来的，而是一种恰如其分的自然展现。

所以说，气质差了点并不可怕，关键在于是否愿意投入时间和心思去“妆”造它。需要注意的是，气质的塑造是一个持续的过程，它需要你在日常生活中不断地观察、反思和调整，使之与内在气质、场合需求相协调，从而实现气质的优化与提升。

第四章
审美与气质

审美，是对美的感知和评价，它深受个体气质的影响，同时也塑造着一个人的气质。审美与气质，二者相辅相成，共同构建出了一个人独特的美学世界。气质往往决定了一个人对美的独特追求和品位，而其对美的理解和欣赏，也在潜移默化中影响着自身的气质。

1. 人类对相貌的审美

在人类社会的漫长历史中，对相貌的追求始终是一个不可忽视的话题。无论是古代的壁画雕塑，还是现代的时尚杂志，人们都在以不同的方式展示和追求着美。

通常，人们对相貌的审美体现在三个方面。

（1）视觉审美。

当我们谈论“相貌”时，首先想到的是“好看”。在视觉审美的框架内，脸型、五官的形态美成了我们判断一个人是否好看的重要标准。椭圆的脸型、明亮的眼睛、挺拔的鼻子，这些被普遍认为是美的元素，在我们的审美观念中占据了重要的地位。然而，美的标准并非一成不变，它随着时代、地域和文化的不同而有所差异。从东方的婉约之美到西方的立体之美，每一种文化都孕育出了独特的审美标准。比如，东方的审美标准更倾向于柔和、圆润的面部轮廓和细腻的五官，而西方则更偏爱立体、分明的面部结构和深邃的眼神。这种差异不仅体现出了个人的审美偏好，也反映出了不同文化对美的理解和追求。

（2）年轻审美。

年轻，意味着青春的活力，意味着红润细腻的肌肤。在社会的审美观念中，年轻往往与美紧密相连。为了保持年轻，人们不惜花费大量的时间和金钱在保养和抗衰老上。从日常的护肤程序到各种医疗美容手段，人们试图通过外在的努力来延缓岁月的痕迹。同时，科学也在不断探索着抗衰老的秘密，从基因层面到细胞层面，寻找着永葆青春的密码。然而，我们也要认识到，年轻并非永恒，真正的美丽应该超越年龄的界限，展现出每个年龄段独特的魅力。

（3）气质审美。

真正的美，是否仅仅局限于外表的好看和年轻呢？答案显然是否定的。因为在相貌的追求中，还有一种更为深刻和持久的美——那就是“有气质”。气质，是一种由内而外散发出的独特魅力，它不仅仅关乎外在的形象，更关乎内在的修养和个性。一个有气质的人，无论身处何种环境，都能以独特的魅力吸引他人的目光。这种气质并非是能一蹴而就的，而是需要长期的积累和修炼。它可能来自于广泛的阅读、丰富的阅历，也可能来自于对生活的热爱和对自我的不断提升。

气质的美，是一种超越表面的美。它不受年龄、外貌的限制，只与内心的修养和个性有关。一个有气质的人，即使外貌并不出众，也能在人群中脱颖而出，散发出独特的魅力。这种魅力往往不仅会让人眼前一亮，更能让人心生敬意和钦佩。

2. 审美偏好的多变性

我们知道，气质类型是有标准的。无论是沉静内敛的文艺气质，还是热情奔放的活力气质，每一种气质类型都有其独特的特点和魅力。然而，审美偏好没有固定的标准。不同的人对同一气质类型的感受和评价可能存在天壤之别，而这种差异正是个性审美的魅力所在。

审美偏好揭示了个体在面对气质类型时所展现出的心理喜好。每个人都有自己的审美标准，而这种标准往往受到多种因素的影响。也就是说，审美偏好具有多样性，且会随情境、时间等不断变化。

（1）随着情境变化。在不同的场合下，人们可能会更倾向于选择不同的气质类型。比如，在工作场合，人们通常更喜欢专业、自信和有条理的气质。这种气质通常表现为穿着得体、言谈举止得当、思维清晰等特点。在社交场合，人们通常更喜欢亲切、随和和有亲和力的气质。在爱情关系中，人们更喜欢浪漫、温柔和体贴的气质。

（2）随着地域变化。这种地域性的审美偏好反映了不同文化背景下人们对美的理解和追求。在中国，传统的审美偏好强调温婉、端庄的气质和柔和、圆润的面部特征。这种审美偏好可能源于中国传统文化中对女性的期望和价值观。而在西方国家，人们可能更偏爱具有立体感的面部轮廓和自信、独立的气质。因为在西方文化中，个人的自由和独立性是非常重要的，所以自信、独立的气质和具有立体感的面部轮廓被认为是美的象征。

（3）随着时间变化。随着时代的进步，人们的审美偏好也在不断变化。例如，过去人们可能更偏爱古典美的相貌和气质，而现在则可能更欣赏现代、前卫的审美风格。这种变化反映了社会文化和时尚潮流的演进。

（4）随着年龄变化。年轻人可能更偏爱时尚、有活力的相貌和气质，因为这符合他们年轻、充满活力的生活状态。而随着年龄的增长，人们可能逐渐更倾向于稳重、内敛的审美偏好，这与他们逐渐成熟、内敛的性格特点相契合。因此，在提升自己的气质时，也需要考虑到不同年龄阶段的需求，以便更好地适应不同年龄阶段的审美需求。

在个性审美的世界里，没有绝对的优劣之分，只有不同风格和气质的碰撞与交融。我们应该学会欣赏和接纳不同的审美偏好，尊重每个人的个性和选择。同时，也应该保持开放的心态，不断探索和尝试新的审美体验，以让自己的个性审美更加丰富和多元。

3. 面部气质空间理论

当我们仔细观察周围的人时，会发现虽然每个人的面孔都是独一无二的，但我们的大脑似乎能够迅速而准确地识别出这些面孔。这种能力在很大程度上依赖于我们的大脑对脸部特征的处理。

谈到人类对面孔的识别能力，就不得说一个叫“面部气质空间”的概念。这个空间并非物理存在，而是由面部的自然生理结构和生理曲线的限制范围所构成的。在这个无形的空间内，自然的面部形状和结构得以展现，使得我们能够轻松识别。一旦某些面部特征超出了这个空间，我们的大脑便会产生一种异样的感觉。这些超出自然生理结构和生理曲线限制的形状和结构，往往会被我们的大脑判定为“假”或“丑”。这种判断并非主观臆断，而是基于我们大脑对面部特征的固有认知和处理方式。这就关于面部美学分析的面部气质空间理论。

此外，这一理论还解释了我们对面部特征可变性的认知。眼睛大小、鼻子高度和嘴巴形状等特征，在我们的认知中是可以改变的。这是因为这些特征可以通过整形手术或其他手段进行改变，以达到我们期望的效果。然而，眼睛颜色、头发颜色和皮肤颜色等特征，则被认为是不可改变的。这是因为这些特征受到遗传等因素的影响，无法通过外部手段进行轻易改变。

面部气质空间理论以其独特视角，为我们揭示了面孔美丑判断背后隐藏的生物学与心理学原理。它警示我们，尽管现代科技赋予了我们重塑面庞的可能，但在追求美的道路上，我们必须审慎权衡。任何过度或不当的改变，一旦突破面部气质空间的自然边界，极可能导致大脑产生排斥反应，将原本追求的“美”无情地替换为“假”或“丑”。

所以，我们在追求个性化与理想化的面容改造时，一定要反思：何为真正的美？我们是否在追求美的过程中，误入了破坏自然、违背本真的歧途？唯有在尊重自然规律、理解人类审美心理的基础上，我们才能发现真正的美。

4. 黄金比例面具

黄金比例，又称黄金分割，是一种著名的数学比例关系，其数值表达为 1 : 0.618。这一比例在自然界中无处不在，从植物叶片的排列到动物身体的比例，都能找到黄金比例的影子。黄金比例不仅是自然界中最基本的比例之一。在美学领域，黄金比例也一直被视为衡量美丽和和谐的标准。

0.618 这个数字与黄金比例和斐波拉契数列紧密相关。在斐波拉契数列中，每个数字都是前两个数字的和：1，1，2，3，5，8，13，21……对应的比例为：1，0.5，0.667，0.6，0.625，0.615，0.619……这些比例数值体现了黄金比例的核心特性，即在某些特定的比例下，整体与部分之间的关系是最具美感的。因此，黄金比例也被公认为美学定律。

黄金比例面具，正是基于这一原理设计而成。这种面具通过精确的比例计算，将人脸的各个部分按照黄金比例进行排列和组合，从而呈现出了一种和谐、平衡的美感。

在黄金比例面具中，眼睛、鼻子、嘴巴等面部特征都被巧妙地安排在了特定的位置上。这些位置不仅符合黄金比例的数学规律，更与人的视觉审美高度契合。当我们观察这样的面具时，会不自觉地感受到一种美的震撼和吸引。

当然，不同的种族具有其独特的面部结构和面部气质空间。这些差异不仅体现在肤色、眼形等方面，还涉及面部骨骼结构和肌肉分布等深层次的因素。因此，不同种族的人脸应该有其符合黄金比例的不同形态美。通过分析和研究不同种族的面部特征，可以制作出能够体现该种族独特美感的面具。通过使用黄金比例面具，我们可以更好地理解和欣赏不同种族的面部美。

即便在相同的种族内部，不同的性别、年龄段和面部尺寸也会产生不同的形态美。例如，男性和女性面部特征存在的显著差异，这不仅体现在性别特征上，也包括面部比例和轮廓等方面。年龄也是一个重要因素，随着年龄的增长，面部骨骼结构和皮肤状态会发生变化，从而影响到整体美感。此外，面部尺寸也是影响美感的重要因素之一，不同大小的脸型会产生不同的视觉效果。

为了便于衡量气质，以下是基于中国人的面部气质空间与黄金比例法则，做出的男性和女性的标准模特效果图。

图4-1　黄金比例模特效果图

可以说，黄金比例面具不仅可以帮助我们了解和欣赏不同种族的面部美，还可以应用于更广泛的审美领域。通过对性别、年龄和面部尺寸等因素的考虑，我们可以更全面地理解面部美的多样性，并从中发现更多的美学规律。

值得一提的是，黄金比例不仅是一种审美标准，更是一种科学的探索方法。通过对黄金比例的研究和应用，我们可以更加深入地了解人脸的审美规律，为个性化的人脸审美提供更加科学的依据。

5. 人脸的衰老变化规律

衰老，是生命不可逆转的自然现象，它如同沙漏，随着时间在无声无息中悄然流逝。当我们还是青春年少时，皮肤光滑细腻，眼神明亮清澈，仿佛拥有无尽的活力和希望。随着岁月的推移，我们的身体逐渐发生微妙的变化——皮肤逐渐松弛，皱纹悄然爬上额头和眼角，眼神中也多了一丝沧桑和深沉。

一个人的一生大致要经历四个阶段：成长期、巅峰期、平台期和衰老期。在不同的阶段，身体的综合指标是不一样的（如图 4-2 所示）。

（1）成长期（0~18 岁）。在这个阶段，身体如同春天的嫩苗，蓬勃生长，身高、体重等各项指标都呈现出快速增长的趋势。这是因为身体内部正在经历一系列复杂的生物化学反应，从细胞分裂到组织修复，每一步都充满了生命的活力。

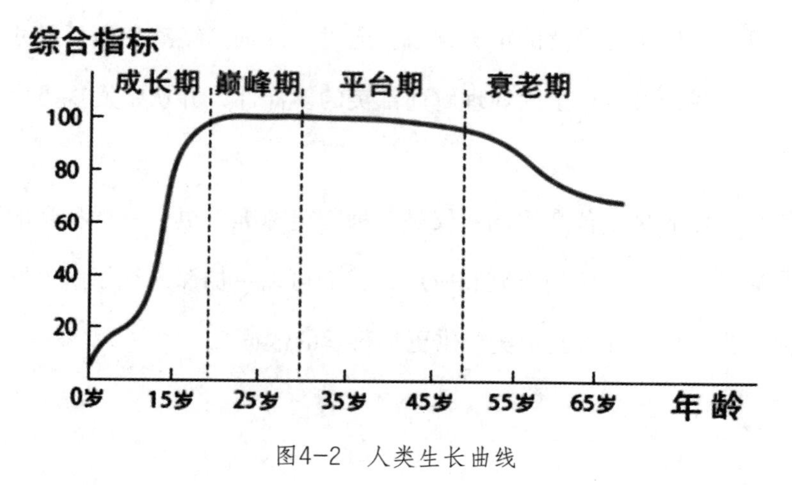

图4-2 人类生长曲线

（2）巅峰期（18~30 岁）。当步入这个阶段，身体仿佛攀上了生命的高峰，肌肉力量、心肺功能等各项生理指标都达到了巅峰状态。这也是我们精力最旺盛、创造力最强的时期，面部轮廓清晰，皮肤光滑紧致，充满了青春的活力和魅力。

（3）平台期（30~45 岁）。随着岁月的流逝，身体逐渐进入了一个相对稳定的阶段。虽然生理指标仍然保持在一个较高的水平，但增长速度已经开始放缓。这一时期的人脸，会开始出现细微的变化，皮肤开始失去一些弹性，眼角、嘴角处可能开始出现浅浅的皱纹。

（4）衰老期（45 岁以后）。当步入这个阶段，身体的衰老迹象开始变得明显，而人脸的变化更是这一过程的直观写照。皮肤逐渐松弛，皱纹增多，曾经的饱满脸颊变得下垂，颧骨更加突出。头发的颜色也可能由黑转灰，甚至变白。这些变化都是身体内部生物化学反应减弱的外在表现，如细胞分裂能力下降、DNA 修复机制减弱等。

在这个过程中，伴随着年龄的增长，人的面部软组织会经历一系列的变化。首先，脂肪层可能会减少，从而导致脸颊和面部的体积缩小，轮廓线变得不那么饱满。其次，肌肉力量可能会减弱，皮肤开始失去支撑，出现松弛现象。最后，筋膜层的弹性和张力也会下降，使得整个面部结构变得更加脆弱，容易出现皱纹和下垂。这些变化共同构成了人脸衰老的特征。

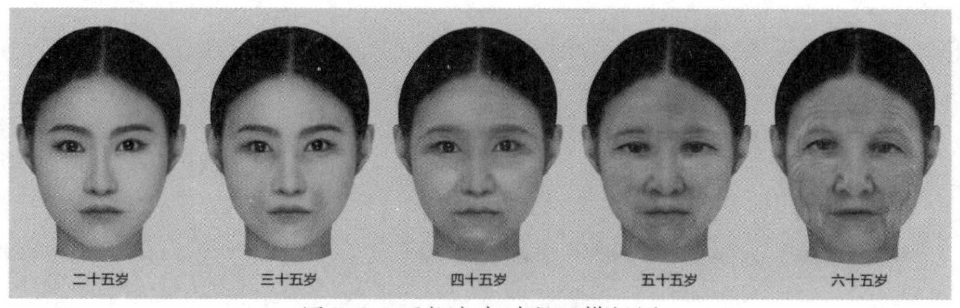

图4-3　面部衰老过程3D模拟图

从图 4-3 可以清晰地看到不同年龄段人脸的变化特点。从年轻时的饱满圆润，再到中年后的逐渐衰老，人脸的每一个阶段都呈现出了不同的特点。其中，面部衰老的两个重要感受区域是眉眼区和嘴区。

在眉眼区，虽然变化量不大，但人们的感受却非常明显。随着年龄的增长，这个区域的皱纹会逐渐增多，皮肤也会变得松弛。

相比之下，嘴区的变化更为显著。这里的皱纹更容易显现，皮肤也更加松弛。另外，嘴区的色素沉着问题也逐渐加重，使得整个人看起来更加疲惫和老态龙钟。

除了外在的改变，人脸衰老还伴随着内在生理机能的下降。血管和神经系统的老化导致面部血液循环减缓，新陈代谢降低，进一步加剧了皮肤的衰老过程。人脸衰老是一个自然且不可避免的过程，其映射出的是生命的历程和时间的痕迹。我们要了解并接受这一事实，并在平时的生活中更好地照顾自己的面部肌肤，以延缓衰老的进程，同时保持积极的心态，享受每一个阶段的美好。

气质解码：为什么大脑更容易感知“丑”而非“美”

在现实生活中，我们都有一个切身的感受，那就是我们对“丑”的感知，相较于对“美”的感知更为强烈。这是为什么呢？

在正式揭开谜底之前，有必要先来明确一下，什么是我们所认为的“丑”或“美”。一般而言，“丑”常被视为不符合常规审美标准，甚至可能引发不适或反感的事物特性；而“美”则是指那些符合或超越审美标准，能引发愉悦感受的事物特性。然而，这两种特性在大脑中的处理方式和感知差异却是一个复杂的过程。

从生物学角度来看，大脑对“丑”的感知可能源于其生存本能。在进化过程中，人类大脑逐渐发展出对潜在威胁的敏感识别能力。丑陋或不符合常规的事物往往与危险或不良体验相关联，因此大脑可能更倾向于对这些信息进行快速处理和反应。这种机制有助于我们在面对潜在危险时迅速做出判断，从而保护自身安全。

相比之下，大脑对“美”的感知可能更为复杂和主观。美感的产生不仅与事物的外在特征有关，还受到个体经验、文化背景、心理状态等多种因素的影响。因此，大脑在处理美的信息时，可能需要更多的认知资源和时间来进行整合和判断。

此外，科学研究也为我们提供了一些关于大脑如何处理这两种刺激的证据。例如，一些神经科学研究显示，当大脑面对丑陋或令人不悦的刺激时，会激活与负面情绪和威胁反应相关的脑区。而面对美的刺激时，大脑则可能激活与愉悦、奖赏和认知控制相关的脑区。这表明大脑在处理丑陋和美丽信息时，可能存在不同的神经机制和路径。

尽管大脑可能更容易感知“丑”，但这并不意味着我们无法感知或欣赏“美”。事实上，通过培养审美能力和提升对美的敏感度，我们可以增强大脑对美的感知，这包括欣赏艺术作品、阅读文学作品、参与文化活动等。

综上所述，大脑更容易感知“丑”而非“美”可能是由于生存本能、信息处理机制，以及审美主观性等多种因素共同作用的结果。目前已有一些研究支持上述观点，但关于大脑如何处理丑陋和美丽信息的具体机制仍需要进一步的科学研究来揭示。随着神经科学、心理学和美学等领域的不断发展，我们有望更深入地理解大脑对“丑”和“美”的感知差异之谜。

第五章 面部与气质

面部，作为人与人之间交流的首要窗口，不仅承载着我们的情感和表情，更在无言中透露着每个人的气质特性。眼睛的神采、嘴角的弧度，乃至整个面部的轮廓，都在细微之处彰显着一个人的内心世界和生活态度。

1. 脸就是一张气质图谱

脸，作为与人交流时最直接的视觉焦点，就像一本开放的书，每一页都写满了故事，而这本书的主题，就是气质。气质并不是一种可以轻易用言语描述的东西，它更多的是一种感觉，一种由内而外散发出来的独特魅力。从这个意义上说，脸就是一张气质图谱，其中的每一个线条、每一个纹理、每一种颜色，都展示出了一个人的气质。

（1）脸上的线条和纹理能反映一个人的性格特点。脸上的线条和纹理，就像是一本超有趣的人物小传，它能悄悄告诉你每个人的性格特点。比如，有些人的下巴尖尖的，往往被赞誉为聪明绝顶、机智过人。圆脸的人总给人一种亲切感。毫不夸张地说，脸上的这些线条和纹理，就如同地图上的路线一样，只要你稍微留心观察，就能顺着这些“路线”，探索到一个人的内心世界，发现他们独特的性格特点。因此，下次和人交往时，不妨多留意一下他们的脸，说不定你会发现更多有趣的小秘密！

（2）脸上的颜色和色调能揭示一个人的情绪状态。脸上的颜色和色调，就像一张实时播报情绪的“天气预报图”。有时候，我们甚至不需要听对方说什么，只要看一眼他们的脸，就能大概猜出他们此刻的心情。比如，当一个人脸颊红润时，那往往是因为他们处于兴奋或激动的状态。想象一下，在收到心仪的礼物或者听到好消息时，那种兴奋感就像一股暖流涌上心头，脸颊也就自然地泛起红晕。相反，如果一个人的脸色苍白，那可能意味着他们在此刻感到了疲惫或沮丧。

（3）脸上的细节和特征能体现一个人的经历和故事。脸上的细节和特征，简直就像是一本翻开的故事书，每一页都写满了主人的经历和故事。皱纹和斑点，这些看似微不足道的细节，其实是岁月在脸上的温柔笔触。每一条皱纹，都像是记录着一个人生命中的风风雨雨，将欢笑、泪水、挫折和成功，都深深地刻在了脸上。而斑点则像是岁月的印记，它们静静地守候在脸颊上，诉说着过去的岁月和经历。伤疤和痣，这些更为明显的特征，则可能讲述着更为深刻的故事。那些曾经的意外或者手术留下的伤疤，每一次触摸都能让人回想起那段不平凡的经历。痣就像是脸上的小星星，它们或许代表着主人某个特殊的记忆或者经历，让人不禁想要一探究竟。所以，当我们仔细观察一个人的脸时，便能从这些细节和特征中感受到他们的成长和变化。

一位心理学家曾经说："脸是心灵的镜子。"这句比喻生动地描绘了脸部特征与个人气质之间的关系。正如镜子能忠实地映照出我们的外在形象，脸庞也同样可以映射出我们的性格特点、情绪状态和生活经历。每一道皱纹、每一个微笑、每一次眼神交流，都是我们内心世界的外在表现，都是我们气质的一部分。

通过观察一个人的脸部，不仅可以洞察他们的心理状态，也可以感受到他们的快乐、悲伤、愤怒或是平静。一个温柔的眼神可能透露出一个人的同情心和善良；一个坚定的下巴可能显示出一个人的决心和坚韧；而一个柔和的微笑则可能反映出一个人的亲切和宽容。脸部的每一个细微变化都是心灵世界的窗口，透过这些窗口，我们就可以窥见一个人的内在美。

因此，脸就是一张真实的气质图谱，它揭示了我们的成长背景、生活经历和文化熏陶，记录了时间的痕迹与心灵的旅程。通过观察这张图谱，我们可以更深入地了解一个人的独特之处，并真实地感受到他们的内在世界。

2. 脸型变化与气质

我们都知道，第一印象很重要。当你第一次见到某个人时，你会根据他们的外貌和行为来判断他们的性格和气质。而脸型作为一个人最显著的特征之一，无疑在塑造第一印象中扮演着重要的角色。

最常见的脸型有五种，分别是：梨形脸、长方脸、瓜子脸、中凹脸和中凸脸。每种脸型都有其独特的气质和特点。

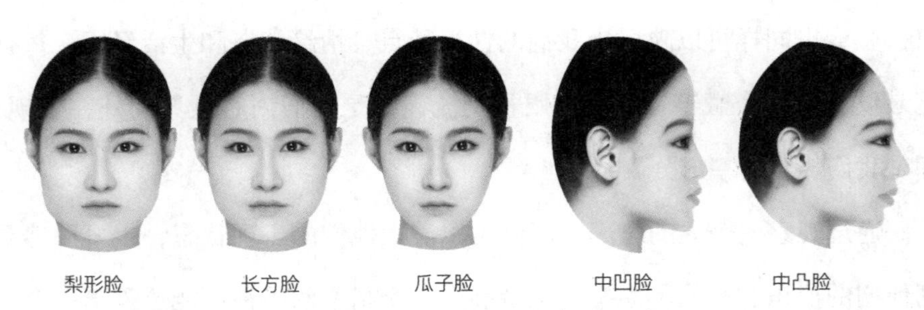

图5-1　脸型变化与气质

（1）梨形脸。顾名思义，是指脸部形状类似于梨子，这是一种温馨而亲切的脸型。其特点在于下颚部分略宽，额头较窄，整体轮廓形如一颗饱满的梨子。这种脸型在东方人中尤为常见，它所散发的气质，如同春天的暖风，细腻而和煦。

拥有梨形脸的人，通常具备内在的亲和力和温柔的气质。他们的面庞柔和，线条流畅，没有过多的棱角，给人一种极易接近的感觉。这种脸型的人往往性格温和，善解人意，是朋友关系中的“倾听者”和“安慰者”。

他们的笑容总是那么自然、温暖，仿佛阳光洒在心底，能够驱散人们心中的阴霾。当朋友遇到困难或烦恼时，梨形脸的人总是第一个伸出援手，用他们的善良和体贴给予对方支持和鼓励。

不仅如此，梨形脸的人还往往具有一种天生的乐观精神。他们看待世界总是充满了美好和希望，这种积极的心态也感染了周围的人，让人们在与他们相处时感到轻松和愉快。

（2）长方脸。又称为椭圆形脸或矩形脸，其特征是脸的长度明显大于宽度，下巴线条较为明显，面部轮廓线条直角较为明显。这种脸型通常给人一种严肃、稳重和专业的感觉。在某些情况下，长方脸也可以给人一种优雅的感觉，尤其是当脸部线条较为柔和时。这种脸型的人可能会被认为具有高贵和优雅的气质。需要注意的是，这都是基于传统的一般印象，实际上每个人的气质特征还会受到其他因素的影响，如眼神、笑容、妆容、发型等。因此，长方脸的人完全可以通过这些方式来改变或强调他们的气质特征。

（3）瓜子脸。瓜子脸也称为心形脸或鹅蛋脸，是一种比较理想的脸型，通常被视为美丽和优雅的象征。瓜子脸的特点是额头宽广，下颌线流畅，下巴尖而圆润，整个脸型呈现出一种对称和协调的美感。由于这种脸型的线条柔和，没有过于突出的棱角，因此给人一种平易近人的感觉，且会给人留下深刻的第一印象——外观既精致又大气，并显出几分高贵、优雅的气质。总的来说，瓜子脸的人具有温婉、高雅和聪明机智的气质特征。这些特征使得他们在人群中脱颖而出，成为众人瞩目的焦点。

（4）中凹脸。该脸型的面部线条较为立体，中间部分相对凹陷，整个结构会给人一种深邃、神秘的感觉。由于颧骨相对较高，与面中部的凹陷形成对比，使得面部更具层次感。这种面部特征会让中凹脸的人在人群中显得与众不同，充满个性。

从面部展现出的气质特征来看，这种脸型的人会给人一种沉静、内敛的气质。他们不善于张扬，但内心往往深藏着丰富的情感和思想。同时，他们还可能表现出一种坚韧和毅力。

（5）中凸脸。顾名思义，是指脸部中间部分稍微凸起的脸型。中凸脸的人似乎天生具备一种开朗、乐观的性格。当他们出现在众人视线中，他们往往能迅速成为焦点。那份由内而外的活力与热情，仿佛有一种魔力，能够感染并带动周围的人。中凸脸的人还往往具备较强的社交能力。他们善于与人沟通，擅长察言观色，能够迅速融入各种社交场合。

脸型虽然在一定程度上可能影响着一个人的外在形象，但并不能完全决定一个人的气质。即使在脸型上有所相似，人与人之间的气质也可能截然不同。有些人可能拥有中凸脸，但他们或许内向而深沉，与通常所说的外向、活泼的特点大相径庭。而有些人可能脸型并不突出，但他们的气质却独具魅力，令人难以忘怀。

了解脸型与气质的关系，更多的是给我们提供一种观察和思考的角度，它可以帮助我们更好地理解和感知他人。当我们与他人交往时，通过观察他们的脸型，可能会对他们的性格和气质有一些初步的判断。因此，应该以审谨和包容的心态去看待脸型与气质的关系，既不完全依赖脸型来判断一个人的气质，也不忽视脸型变化在气质展现方面的作用。

3. 面部的美学点

在看脸时，我们经常会笼统地说，“这个人五官长得端正”，“那个人长得好看”，具体好看在哪里，说不出原因来。从这可以看出，大部分人对美的理解与追求是盲目而浮于表面的。要想真正看懂一张脸，首先要看到点上。这里的“点”，即是面部美学点。

面部美学点是评价面部美观的重要标准，它们不仅决定了面部的结构美，还与人的气质有着密切的联系。通常，一张脸美不美，关键要看个点，分别是正脸的内眼角点、鼻下点，和侧脸的印堂点、颌下点、颌凸点。

（1）正脸美学点：从三庭五眼到黄金比例。

正脸美学点主要关注面部的横向结构美，包括三庭五眼的比例和黄金比例的运用。三庭五眼是指面部的长度和宽度比例，其中三庭是指发际线到眉毛、眉毛到鼻底、鼻底到下巴的距离，五眼是指两眼之间的距离等于一只眼睛的宽度。黄金比例则是指两个部分的比例等于整体与较大部分的比例，通常用 0.618 来表示。

三庭五眼和黄金比例的运用可以创造出和谐、均衡的面部轮廓，给人以舒适、自然的视觉体验。而这种和谐、均衡的面部轮廓往往与人的气质相得益彰，使人看起来更加自信、优雅。

（2）侧脸美学点：从四高三低到黄金比例。

侧脸美学点主要关注面部的立体度，包括四高三低的比例和黄金比例的运用。四高三低是指额头、鼻梁、下颌和下巴的四个高点和三个低点。黄金比例则是指两个部分的比例等于整体与较大部分的比例。

四高三低和黄金比例的运用可以创造出立体、饱满的面部轮廓，给人一种高贵、优雅的感觉。而这种立体、饱满的面部轮廓也往往与人的气质相得益彰，使人看起来更加自信、迷人。

（3）内眼角点：决定横向结构美。

内眼角点是指内眼角的位置，它决定了面部的横向结构美，影响着面部的横向平衡和整体协调性。内眼角点的位置越高，面部的横向结构越开阔，就会给人一种大气、豪放的感觉；反之，内眼角点的位置越低，面部的横向结构越紧凑，就会给人一种内敛、含蓄的感觉。

理想情况下，内眼角的形态应当呈现出一种适度的钝圆角，角度一般在 45° ~ 55° 之间。这样的角度既不会显得过于尖锐，也不会过于平缓，从而保证了眼部的柔和与和谐。当内眼角的角度适中时，眼睛之间的宽度和间距也会显得自然、协调，有助于营造出一种均衡、和谐的面部美感。

此外，内眼角点的位置还与眼睛的形态和大小密切相关。对于眼睛细长的人来说，内眼角的度数可能会略微窄一些；而对于眼睛较为圆润的人来说，内眼角的度数可能会略微大一些。这样的变化有助于保持眼部的美学比例，使之与面部其他特征相协调。

（4）鼻下点：决定纵向结构美。

鼻下点，即鼻基底与上唇的交界点，其位置与形态对于面部的整体纵深感、立体感以及五官的协调性都有着显著的影响。

首先，鼻下点的位置决定了鼻子的长度和高度，从而影响着面部的纵向比例。当鼻下点位于合适的位置时，鼻子的长度和高度与面部其他特征相协调，使得面部呈现出一种和谐的纵向美感。

其次，鼻下点的形态也影响着面部的立体感。一个清晰、明确的鼻下点可以增强面部的立体感，使面部轮廓更加鲜明。相反，如果鼻下点模糊或不明显，面部的立体感就会减弱，显得较为平坦。

此外，鼻下点还与面部的其他美学点相互关联，共同构成了面部的整体美学结构。例如，鼻下点与内眼角点、印堂点等位置的关系，决定了面部的横向和纵向平衡。这些美学点之间的和谐与协调，是面部美学的重要组成部分。

（5）印堂点：决定上面部立体美。

印堂，即两眉之间的区域，是面部美学中的一个重要标志点。它的位置、形态和色泽都与上面部的立体感息息相关。印堂点的位置决定了上面部的立体感。当印堂点处于适中且略微突出的位置时，能够营造出上面部饱满、立体的视觉效果，使得整个面部轮廓更加鲜明。相反，如果印堂点过于平坦或凹陷，上面部就会显得缺乏立体感，整体面部轮廓也会显得平淡无奇。

一个清晰、饱满的印堂点能够增强面部的层次感，使面部结构更加立体。而印堂点周围的肌肤紧致度、肌肉走向等，也会对上面部的立体感产生影响。

此外，印堂点的色泽也是美学的一部分。一个健康、红润的印堂点，不仅能够反映出人体的气血状况，还给人以精力充沛、精神饱满的视觉印象。相反，如果印堂点色泽暗淡或出现色斑，可能会给人一种疲惫、不健康的感觉。

（6）颏下点：决定下面部立体美。

颏下点位于下巴的最下端，也就是下巴的最尖端。在面部轮廓中，颌下点是确定面部下部比例和线条的重要标志。在美学上，颌下点的位置和形状对于整体面部比例和吸引力有着重要影响。

当颏下点位于合适的位置时，能够与下巴的其他部分以及整个面部结构形成和谐的比例关系，从而营造出立体而协调的面部轮廓。一个适中且略微突出的颏下点，能够赋予下巴更加鲜明的轮廓和立体感，使面部看起来更加饱满和立体。一个圆润、饱满的颏下点能够增强下巴的柔和度，使面部看起来更加和谐自然。相反，如果颏下点过于尖锐或凹陷，可能会使下巴显得过于刻薄或不够饱满，从而影响面部的整体美感。

此外，颏下点与周围面部结构的协调性同样重要。它与下唇、下颚线等部位的衔接应当自然流畅，共同构成一个和谐统一的面部轮廓。当颏下点与这些结构相互呼应、协调一致时，能够进一步增强下面部的立体感，使面部看起来更加完美。

上面的几个美学点，是塑造面部美感的关键，每一个点都承载着独特的美学意义。内眼角点关乎眼部的间距与平衡，鼻下点决定面部的纵向结构美，印堂点影响上面部的立体感，颏下点则构建了下面部的轮廓与立体美感。只有真正理解了这些美学点的特点和作用，才能在追求美的过程中不再浮于表面，或是盲目跟风。

4. 面部形状的8个状态参数

人类的面部不仅是展现个性和情感的窗口，也是美学研究的重要领域。面部形状的 8 个状态参数，包括大小、长短、宽窄、高低、扬垂、厚薄、凸凹和方圆，共同决定了面部的美学效果。了解这些参数，有助于我们更好地理解和塑造自己的面部形象。

（1）大—小：平衡之美。

脸庞的大小，与眼睛、鼻子、嘴巴的大小相互呼应，构成了面部的整体比例。在美学中，平衡是核心原则之一。大小适中的脸庞，配以协调的五官，能营造出一种和谐而舒适的视觉感受。过大或过小的脸庞，都可能破坏这种平衡，从而影响面部的美感。

（2）长—短：优雅之韵。

脸型的长短，眉毛、眼睛、鼻子和下巴的排列，共同决定了面部的纵向美感。长脸形显得优雅而高贵，短脸型则显得可爱而活泼。眉毛的弯曲度、眼睛的形状、鼻子的挺拔程度以及下巴的线条，都在不同程度上影响着面部的纵向比例。通过调整这些元素，可以实现面部纵向美感的优化。

（3）宽—窄：立体感之基。

脸型的宽窄，以及额头、太阳穴、眉毛、眼间距、鼻翼、颌骨和下巴的宽度，一起构成了面部的横向比例。适度的宽度，使得面部看起来更加饱满而立体。过宽或过窄的脸型，不仅可能影响面部的立体感，甚至还可能会给人一种不协调的感觉。

（4）高—低：气势之体现。

额头、眉弓、印堂、鼻子和下巴的高度，直接影响着面部的整体气势。高耸的额头和鼻子，可以使得面部看起来更加挺拔而有力；低平的额头和鼻子，则可能给人一种温和而亲切的感觉。通过调整这些部位的高度，可以塑造出不同风格的面部形象。

（5）扬—垂：情绪之传达。

眉毛、眼睛、面颊和嘴角的上扬或下垂，是面部表情的重要组成部分。上扬的眉毛和嘴角，能传达出愉悦和自信；下垂的眉毛和嘴角，则可能暗示着疲惫或忧伤。在面部美学中，通过调整这些表情元素，可以传达出不同的情绪和情感，增强面部的表现力。

（6）厚—薄：精致之度。

眼皮与嘴唇的厚薄，如同面部画卷上的点睛之笔，影响着整体的美感。适中的眼皮厚度，既能展现眼神的深邃，又能避免厚重之感。嘴唇的薄厚适中，则赋予了面部更多的精致与优雅。过厚或过薄的眼皮与嘴唇，往往打破了面部的和谐与平衡，使得整体美感大打折扣。因此，在追求面部美时，需注重眼皮与嘴唇厚度的协调，以打造更加精致的面部轮廓。

（7）凸—凹：立体之美。

额头、太阳穴、眼睛、眼皮、苹果肌、内外面颊和嘴的凹凸程度，共同构成了面部的立体感。额头饱满而微凸，赋予面部高远与深邃；太阳穴适度凹陷，勾勒出优雅的侧脸线条；眼睛深邃如湖，眼皮轻微的起伏增添了神秘感；苹果肌饱满，内外面颊的轻微凹陷，使得笑容更加甜美动人；嘴部的立体结构，则让面部表情更加丰富生动。这些凹凸之间的微妙变化，共同构筑了面部的立体之美。

（8）方—圆：形态之魂。

脸型和额头的方圆，如同精心雕琢的艺术品，决定了面部的整体形态。方形脸刚毅有力，散发着不容小觑的坚定与自信；圆形脸则柔和亲切，透露出温暖与和蔼。在美学领域，方圆相济的脸型，既展现了力量之美，又流露出柔和之韵。

综上所述，面部形状的8个状态参数在美学中扮演着举足轻重的角色。通过对这些参数的深入理解和运用，我们可以更加精准地把握面部的美丽之处，进而在日常生活中展现出自己的最佳状态。同时，面部美学也是一个不断发展和完善的领域，随着科技的进步和人们审美观念的变化，相信未来会有更多关于面部美学的新发现和新理解。

5. 面部转折线

在面部美学的世界里，每一处细微的变化都蕴含着无尽的魅力与深意。其中，面部转折线作为构成面部轮廓的重要组成部分，不仅影响着我们的面部形态，更在无形中塑造着我们的美感。

面部转折线，顾名思义，是指面部轮廓上的一系列转折点或转折线。它们如同一张精密的地图，标记着面部各个区域的分界线。面部转折线主要分布在额部、鼻部、眼部、口部和面部轮廓线上。这些转折线不仅形成了面部的基本轮廓，也赋予了面部丰富的层次感和立体感。

（1）额部转折线。额部转折线是面部转折线的重要组成部分，它主要包括额面横线、额角横线和中轴线。这些转折线形成了额部的基本轮廓。

额面横线位于额部的中部，它将额部分为上下两部分。额面横线的高低和曲直，直接影响着额部的动态感和表情变化。如果额面横线过高或过直，会给人一种严肃、刻板的感觉；如果额面横线过低或过曲，会给人一种温和、随和的感觉。

额角横线位于额角处，它将额部分为左右两部分。额角横线的高低和曲直，也会影响额部的动态感和表情变化。如果额角横线过高或过直，会给人一种严肃、刻板的感觉；如果额角横线过低或过曲，会给人一种温和、随和的感觉。

中轴线位于额部的中心，它将额部分为左右两部分。中轴线的高低和曲直，对额部的稳定性有着重要影响。如果中轴线过高或过直，会给人一种摇摆不定的感觉，反之，会给人一种稳定、坚定的感觉。

（2）鼻部转折线。鼻部转折线是面部转折线的重要组成部分，它主要包括鼻翼转折线、鼻梁转折线和鼻尖转折线。

鼻翼转折线位于鼻翼两侧，它将鼻部分为左右两部分。鼻翼转折线的高低和曲直，直接影响着鼻部的动态感和表情变化。如果鼻翼转折线过高或过直，会给人一种严肃、刻板的感觉。鼻梁转折线位于鼻梁中央，它将鼻部分为上下两部分。鼻梁转折线的高低和曲直，也会影响鼻部的动态感和表情变化。鼻尖转折线位于鼻尖处，它将鼻部分为左右两部分。鼻尖转折线的高低和曲直，对鼻部的稳定性有着重要影响。

（3）眼部转折线。眼部转折线主要包括眼睑转折线、眼眶转折线和眼窝转折线。眼睑转折线是眼部转折线中最为显著的一部分，它直接影响着眼神表达和整体美感。一个优美的眼睑转折线，不仅能使眼睛看起来更加有神采，还能提升整体的面部魅力。眼眶转折线勾勒出眼眶的形态，与眼睑转折线相互映衬，共同打造出眼部立体而深邃的视觉效果。眼窝转折线则如同眼部的平衡木，它巧妙地连接着眼睑和眼眶，使得整个眼部结构看起来更加稳定和和谐。一个合适的眼窝转折线，不仅能提升眼部的立体感，还能增强眼部的整体美感，使眼神更加深邃迷人。

（4）口部转折线。口部转折线主要包括唇部转折线和面部轮廓线。唇部转折线指的是唇部周围的一系列线条，包括上唇和下唇的边缘线、唇峰线、唇谷线等。这些线条的高低和曲直，直接影响着口部的动态感和表情变化。例如，一个饱满的上唇转折线可以给人一种性感、活泼的感觉，而一个紧致的下唇转折线则可能给人一种严肃、稳重的印象。

面部轮廓线是指连接面部各个部位的一系列线条，包括颧骨线、鼻唇线、下颌线等。这些线条有连接和平衡的作用，使得口部显得更加稳定和协调。一个清晰的下颌线可以给人一种坚毅、自信的感觉，而一个柔和的面部轮廓线则可能给人一种温柔、亲切的印象。

面部转折线的高低和曲直直接影响着面部的动态感和表情变化。高的转折线和直的转折线，给人一种大气、豪放的感觉，而低的转折线和曲的转折线，则给人一种亲切、随和的感觉。此外，面部转折线的高低和曲直，也反映了面部的健康状况和年龄状态。健康的面部转折线，给人一种活力和青春的感觉，而衰老的面部转折线，则给人一种疲惫和老态的感觉。

另外，面部转折线的流畅与否，直接影响着面部的美感。当这些线条自然、和谐地衔接在一起时，我们的面部轮廓会显得优美而立体；相反，如果面部转折线过于突兀或断裂，则可能给人留下生硬、不自然的印象。

面部转折线是自然生理曲线在面部的体现，它不仅反映了面部的结构和功能，也影响着面部的美学效果。了解面部转折线，有助于我们更好地理解和塑造自己的面部形象，从而提升自己的气质和魅力。

6. 鼻子变化与气质

在心理学领域，面部特征与个体性格特质之间的关联一直是科研人员研究的热点。多项研究表明，人们往往会在无意识中根据面部特征来判断一个人的性格和行为倾向。其中，鼻子作为面部中心的一部分，其大小、形状和比例不仅影响着一个人的外貌，同时也影响一个人的气质，故其更能给人们产生深刻的第一印象。

（1）大鼻子：自信、包容。

在心理学上，大鼻子被认为是一种积极的面部特征。根据研究发现，人们普遍认为拥有大鼻子的人更加自信、有魅力和有领导力。这是因为大鼻子会给人一种稳定和可靠的感觉，让人觉得这个人有很强的自我意识和自信心。

大鼻子的人的面部轮廓更加立体，显得更有力量感。这种气质的人通常性格开朗、豁达，具有很强的领导力和自信心。

当然，对大鼻子的认知也可能受到文化和社会因素的影响。不同的文化和社会对美的标准和面部特征的解读可能有所不同。在某些文化中，大鼻子可能被视为幸运和富饶的象征，而在另一些文化中，它可能与幽默和活泼的性格特质相联系。

（2）小鼻子：灵活、秀气。

拥有小巧鼻子的人通常会散发出一种精致与细腻的气质。这种气质体现了他们性格中的温柔、灵敏和细致。小巧的鼻子给人一种清新、柔美的感觉，使面部看起来更加和谐、精致。这种外貌特征往往使他们在社交场合中更容易获得他人的喜爱和关注。

（3）长鼻子：安静、自我。

长鼻子的鼻梁高挺而修长，线条流畅自然，为面部增添了立体感和深邃感，使得整个面部更加和谐、匀称。这种鼻子会显出一个人安静和自我的气质。

首先，长鼻子的鼻梁高挺，使得面部轮廓更加清晰分明，能给人一种高雅、挺拔的感觉。这种高挺的鼻梁不仅让面部更加立体，还能有效拉长脸型，使得脸部比例更加协调，让人的精神看起来更加饱满。

其次，长鼻子的线条美感十分突出。其线条流畅、自然，没有突兀之感，使得整个面部看起来更加和谐、自然。这种美感不仅体现在静态的面部轮廓上，更在动态的表情中得以展现。长鼻子的人在做表情时，鼻梁的线条会随着表情的变化而自然起伏，为他们增添了一份生动和灵动。

此外，长鼻子还与东方人的面部特点相契合，能形成一种独特的东方美学。在东方文化中，长鼻子被视为高贵、典雅的象征，代表着智慧、气质和品位。因此，长鼻子的人往往会带给别人自我、高贵的气质印象。

综上所述，鼻子的形状、大小、位置、高度和线条都是影响一个人气质的重要因素。因此，我们在进行面部美学设计和整形手术时，需要综合考虑这些因素，以达到最佳的美学效果。同时，也应该认识到，每个人的面部特征都是独特的，我们应该尊重和接纳自己的鼻子，以提升自己的气质和自信心。

7. 皮肤状态与气质

皮肤，作为人体最大的器官，不仅承担着保护身体免受外界侵害的屏障作用，更是我们对外界的第一印象。它如同我们的第二张面孔，无时无刻不在向他人展示着我们的健康状况、生活态度，甚至是内心世界。因此，皮肤状态的好坏，不仅直接影响着一个人的外貌，更与其气质紧密相连。不同的皮肤类型和问题，会给人带来不同的印象和感受。本节将探讨不同肤质、肤色、皱纹等皮肤状态与气质之间的关系。

（1）肤质与气质。

肤质指的是皮肤的类型和特点，包括油性、干性、中性、混合性等。不同的肤质会给人不同的印象和感受，从而影响一个人的气质。也可以说，肤质就是我们皮肤的“身份证”。

（2）肤色与气质。

肤色是皮肤的颜色，包括白、黄、黑和棕。作为我们外貌的重要组成部分，肤色往往能够直接影响我们的气质表现。

（3）皱纹与气质。

皱纹，作为岁月留下的痕迹，它记录了我们的成长和经历。

肤质、肤色与皱纹，这三个看似寻常却又不凡的因素，在无形中编织着每个人独特的气质图谱。每个人的皮肤都如同一张独特的画布，肤质、肤色与皱纹便是那画布上的色彩与线条，共同描绘着我们各自的气质风貌。

虽然肤质、肤色与皱纹是影响我们气质的重要因素，但它们并不是决定性的。平时，我们在重视皮肤的保养和护理的同时，也要学会保持内心的平静、充实。如此，无论肤质如何、肤色深浅、皱纹多少，我们都能散发出迷人的气质和魅力。

气质解码：面部深度信息与气质

在日常生活中，我们常常会观察到不同的人有不同的气质。有些人看起来阳刚、坚毅，而有些人则显得柔和、温婉。这些气质的差异不仅仅来自于性格和经历，还与面部深度信息有关。下面，我们就来一起解码面部深度信息与气质之间的关系。

面部深度信息，可以理解为肤色在面部呈现出的层次感和立体感。这种深度信息不仅与肤色本身的深浅有关，还与面部肌肤的质地、光泽度以及与其他面部特征（如五官、轮廓）的相互关系有关。

当肤色较浅时，面部深度信息可能表现为柔和、细腻的层次感。浅肤色通常具有较高的透明感和光泽度，使得面部肌肤看起来更加平滑、饱满。这种肤色往往会给人清新、高雅的感觉，同时也能够凸显出面部轮廓和五官的立体感。

相反，当肤色较深时，面部深度信息可能表现为更加鲜明、强烈的立体感。深肤色通常具有较为明显的色差和阴影效果，使得面部特征更加突出和立体。这种肤色往往会给人一种健康、阳光的感觉，同时也能够强调出面部轮廓的刚毅和力量感。

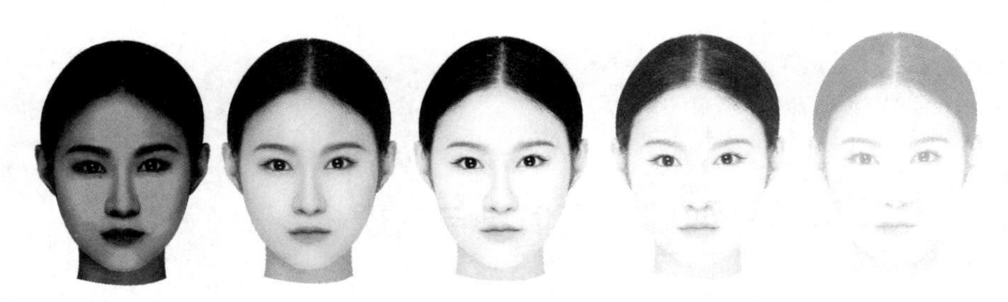

图5-2　面部深度信息与气质

在上图中，最左边模特的面部深度信息最强。其强烈的面部轮廓和线条给人以阳刚、坚毅的感觉。这种深度信息强烈的面部特征，往往与果断、自信的气质紧密相连。如果你想展现出一种强势、果断的气质，可以通过化妆或修图技巧来强化面部的深度信息。

从左至向右，面部深度信息逐渐减弱。中间的模特其面部特征开始变得柔和，线条不再那么硬朗。这种变化使得整个面部看起来更加温和、亲切。这种气质往往与温柔、体贴等特质相关联。

那么，如何通过调整面部深度信息来提升气质呢？这里有几个实用的方法。

（1）化妆技巧。通过高光和阴影的巧妙运用，可以强调或弱化面部的某些特征，从而改变面部深度信息。例如，在颧骨和下巴处使用阴影粉可以让面部轮廓更加立体，而在鼻梁和眉骨处使用高光则可以让面部看起来更加明亮、饱满。

（2）发型和服饰的搭配。合适的发型和服饰不仅能够凸显面部特征，还能为整体气质加分。例如，对于面部深度信息较强的人，可以选择一些简洁、干练的发型和服饰，以凸显其强势、自信的一面；而对于面部深度信息较弱的人，则可以选择一些柔和、温暖的色彩和款式，以强调其温柔、亲切的气质。

通过调整面部深度信息，我们可以改变自己的气质表现，从而更好地适应不同的场合和角色。当然，每个人的面部特征和气质都是独一无二的，我们需要根据自己的实际情况来选择合适的调整方法。

第六章
眉妆与气质

在美容化妆领域，眉毛一直被视为“脸上的黄金”。不同的眉形、眉色和眉毛的浓密度，都能微妙地改变一个人的整体形象，并传递出不同的情感和气质。精致的眉妆能够凸显眼神的深邃，增强面部的立体感，进而彰显出个人的自信和魅力。

1. 完美搭配：找到适合你的眉形

眉毛，作为面部妆容不可或缺的一部分，其形状对整体面容的和谐度起着至关重要的作用，甚至在一定程度上决定着个人气质的展现。

不同的眉形能够彰显出不同的气质特点，有的温柔如水，有的坚毅刚强，还有的活泼灵动。在进行眉妆时，需要根据自己的脸型、五官特点和眉眼间距等因素，精心选择适合的眉形。这样，不仅能提升整体的面部美感，还能让气质得到更好的展现。

（1）脸型与眉形的搭配。

椭圆形脸：椭圆形脸适合多种眉形。可以选择自然柔和的眉形，如柳叶眉、一字眉等，突出温柔、优雅的气质。

圆形脸：选择那些带有一定角度的眉形，如优雅的拱形眉或流畅的斜弯眉。这些眉形能够在视觉上增加脸部的立体感，让整体轮廓更加分明。同时，它们也能为我们增添一份精神和干练的气质。

方形脸：柔和且弯曲的眉形是最佳的选择。例如，温柔的柳叶眉或是柔和的斜弯眉，都能有效缓解方形脸带来的严肃感。这些眉形能够凸显出女性柔美气质，让面部线条更加柔和、温婉。

长脸：平直且较粗的眉形比较适合。如经典的一字眉或是粗犷的平眉，都能在视觉上缩短脸部的长度，使整体比例更加和谐。这些眉形不仅能够平衡面部特征，还能展现出个人的独特魅力和自信风采。

（2）五官与眉形的搭配。

大眼睛：选择自然的眉形将是明智之举，如自然眉或柳叶眉。这类眉形能够完美衬托出大眼睛的神采，让眼部妆容更加和谐统一。自然眉的柔和线条与大眼睛的明亮相互呼应，能够营造出清新自然的美感；而柳叶眉则能够凸显出温婉的气质，增添一份女性的柔美与优雅。

小眼睛：选择有角度的眉形，如拱形眉或挑眉。将会带来意想不到的效果。拱形眉的弧度恰到好处，能够拉长眼部线条，使眼睛看起来更加明亮有神；而挑眉则能够营造出一种俏皮可爱的感觉，让眼睛更加吸引人。这些眉形能够有效改善小眼睛在面部中的比例，让整体妆容更加协调。

鼻子高：高挺的鼻子是许多人梦寐以求的面部特征，而稍微上扬的眉尾则能够进一步凸显出鼻子的立体感。这样的眉形能够拉长鼻部线条，使鼻子看起来更加高挺、精致。

窄鼻梁：可以选择平缓的眉形，这样可以有效平衡面部特征。这类眉形不会过分强调鼻子的宽度，而是以一种柔和的方式呈现在面部，使整体妆容更加和谐自然。平缓的眉形能够弱化鼻梁的狭窄感，避免面部显得过于紧凑，从而让五官更加和谐统一。

（3）眉眼间距与眉形的搭配。

眉眼间距较大：眉眼间距较大的人适合较粗、平直的眉形，如一字眉、粗平眉等。这样可以缩短眉眼间距，使五官更加紧凑。

眉眼间距较小：对于眉眼间距较小的人而言，应选择细长且带有一定弧度的眉形，如优雅的柳叶眉或自然的拱形眉。这类眉形能够有效地拉长眉眼间距，使五官分布更为舒展，避免给人过于紧凑的感觉。

总之，选择适合自己的眉形需要综合考虑脸型、五官和眉眼间距等因素。通过上述方法，你可以找到适合自己的眉形，从而提升个人气质。当然，眉形的选择并不是一成不变的，可以根据不同的场合和妆容进行调整。

2. 粗细有致："精准"表达展韵味

眉毛的粗细不仅直接影响着整体妆容的美感，还关乎着面部比例的协调。过细的眉毛可能会显得面部线条过于硬朗，而过于粗重的眉毛则可能破坏妆容的精致感。只有选择合适的粗细，才能让眉毛与眼睛、鼻子等其他面部特征相互映衬，共同构建出和谐而美丽的面部轮廓。所以，在眉妆设计中，粗细的选择绝非小事，是对个人气质精准表达的关键所在。

（1）眉妆粗细与面部比例。

眉妆的粗细选择应基于个体的面部比例。一般来说，眉妆的宽度应与眼睛宽度相当，长度则应从鼻翼外侧延伸至眼尾，这样的比例既符合美学原则，又能使面部轮廓更为立体和谐。过于纤细的眉毛会使面部显得空洞无力，而过粗的眉毛则可能造成视觉重心偏移，影响整体美感。

例如，对于面部线条柔和、五官小巧的女性，精致细眉不仅更贴合其甜美、温婉的形象，还强化了她清新脱俗的气质。

（2）眉妆粗细与风格定位。

眉妆粗细是塑造不同妆容风格的重要工具。粗眉往往与复古、中性、摇滚等个性鲜明的妆容风格相匹配，能展现出率真、不羁或独立的气质；细眉则常与优雅、知性、清纯等风格挂钩，主要烘托的是温文尔雅、内敛含蓄的气质。

（3）眉妆粗细与年龄、场合。

眉妆粗细需考虑个体的年龄及特定场合需求。年轻的肌肤紧致饱满，粗眉可以增添青春活力，展现出活泼开朗的气质。随着年龄增长，皮肤逐渐松弛，运用细眉则能凸显成熟韵味，赋予人沉稳、内敛的气质。而在职场、宴会、日常休闲等不同场合，眉妆粗细也需做出相应调整，以契合环境氛围和个人角色。

例如，职场女性通常追求专业、干练的形象，此时应选择比自然眉形稍粗一些的眉妆，如平直眉或微挑眉，可增强眼神的犀利度，提升气场。而在轻松的休闲场合或浪漫约会时，适当减淡眉色、减细眉形，如打造自然野生眉，能营造亲切、柔美的气质。

在实际操作中，调整眉妆粗细需把握好以下三个环节。

①勾勒轮廓。使用眉笔或眉粉轻轻描绘出理想的眉形轮廓，这个过程需注意保持眉头略浅、眉峰清晰、眉尾渐细的过渡效果。

②填充色彩。选用与发色相近的眉笔或眉粉，按照毛发生长方向均匀填充，需注意的是要避免颜色过深导致的眉妆过于生硬。

③细节修饰。使用螺旋眉刷梳理眉毛，使颜色更加自然融合。如有需

要，可使用遮瑕膏修整边缘，提升眉妆的精致度。

需要特别注意的是，选择眉妆时不要盲目跟风，眉妆粗细应以自身面部特征为基础，而非单纯追逐潮流。适合自己的才是最好的。

眉妆粗细作为美妆艺术的重要元素，与个人气质紧密相连。通过合理选择和精细打造，眉妆不仅能优化面部比例，更能精准传达个人风格，为整体形象增色添彩。因此，无论是专业化妆师还是爱美人士，都应深入理解并熟练运用眉妆粗细这一美妆语言。

3. 长短相宜：塑造特定的气质

眉妆作为面部妆容的核心组成部分，其长短在很大程度上影响着整体妆效与个人气质的呈现。恰当的眉妆长度不仅能够有效平衡面部比例，使五官更加和谐，还能突出眼部的神采，为双眸增添无限魅力。不仅如此，它还有助于塑造或强化某种特定气质，使个人的独特魅力得以充分展现。

在打造眉妆时，要精心选择眉妆的长度，以展现出最符合自己个性与气质的妆容效果。为此，要把握好以下几个要点。

（1）眉妆长度要与五官比例相协调。理想的眉妆长度通常是从鼻翼外侧到眼尾的延伸线，或者略短于这条线，以避免眉毛过长造成视觉上的失衡。过短的眉妆会使眼部显得局促，过长则可能导致眼神涣散，失去焦点。

对于眼型偏长、面部轮廓分明的女性，较长的弧形眉不仅能够拉长并平衡她的面部比例，同时还能与她深邃的眼眸形成呼应，突显出她高贵、优雅的气质。而对于眼型圆润、面部线条较为柔和的女性，适中或略短的平直眉则更能衬托出可爱、甜美的气质，同时要避免眉毛过长削弱亲和力。

（2）眉妆长度要有助于风格塑造。眉妆长度是塑造不同妆容风格、表达多样气质的重要手段。长眉往往与复古、文艺、浪漫等风格相关联，能够传递出悠然、诗意或梦幻的气质；短眉则更适合简约、现代、利落的妆容风格，能展现出自信、干练或俏皮的气质。

（3）眉妆长度要与年龄、场合相吻合。眉妆长度还需考虑个体的年龄阶段以及特定场合的需求。年轻人的肌肤紧致，运用长眉可以增加青春气息，展示出活泼、朝气的气质；随着年龄增长，短眉或中等长度的眉妆更能凸显成熟、知性的韵味。在职场、晚宴、日常休闲等不同场合，眉妆长度也应与环境氛围和个人角色相适应。

在正式商务场合，女性往往追求专业、权威的形象，此时应选择长度适中、线条利落的眉妆，如柳叶眉或微挑眉，有助于提升气场，展现职业素养。在轻松的休闲聚会或度假旅行时，可尝试略长且自然弯曲的眉妆，如野生眉或弯月眉，来营造出随性、亲切的气质。

（4）选择眉妆长度时要注重自然和谐的效果。眉妆的长度不应过于突兀或夸张，应与其他面部妆容相互融合，共同营造出自然、和谐的美感。在操作过程中，可以利用眉笔、眉粉等工具来精细调整眉妆长度，同时结合修眉技巧来去除多余的杂毛，使眉毛线条更加清晰、流畅。

长短相宜的眉妆，是塑造特定气质的关键所在。通过精心调整眉妆的长度，我们可以轻松打造出或温婉，或干练，或优雅，或活泼的多样气质。

4. 浓淡相间：彰显个性与魅力

眉妆的浓淡，如同画布上的明暗对比，对个人气质的塑造起着至关重要的作用。恰当的眉妆浓淡不仅能够凸显眼部神采，还能微妙地调整面部表情，传达出或深邃，或淡雅，或活泼，或沉静的气质。

在调整眉妆的浓淡时，要遵循四个“协调”原则。

（1）色彩协调。眉妆的浓淡应与面部肤色、发色及瞳孔颜色相协调。一般而言，肤色白皙者可选择较淡的眉色，以让对比不过于强烈；肤色偏深者则可选择较浓的眉色，以达到整体色调的平衡。同时，眉色应与发色接近，但可略深于发色，以增强立体感。此外，眉色还应与瞳孔颜色形成和谐搭配，如深色瞳孔搭配深色眉妆，浅色瞳孔搭配浅色或中等深度的眉妆。

（2）形状协调。眉毛的形状应与眼型、脸型相协调，以达到美化面部轮廓的效果。通过调整眉妆的弧度、长度和粗细，我们可以使眉毛与眼睛、鼻子等面部特征相互映衬，让它们共同构建出和谐而美丽的面部轮廓。例如，对于眼睛较大的人，可以选择较为弯曲的眉形，以突出眼神的深邃；而对于眼睛较小的人，则可以选择较为平直的眉形，以拉长眼部线条，使眼睛看起来更加明亮有神。

（3）风格协调。眉妆浓淡是塑造不同妆容风格、表达多样气质的有效工具。浓眉往往与复古、戏剧、摇滚等风格相关联，能够传递出强烈、鲜明的气质；淡眉则更适合自然、清新、优雅的妆容风格，以展现细腻、内敛的气质。

（3）年龄协调。对于年轻的女性来说，面部肌肤通常较为紧致有弹性，眼神明亮。此时，适合选择较为自然的淡眉妆，以突出清新、活泼的气质。淡雅的眉妆能够与年轻肌肤的光泽相互映衬，营造出一种青春洋溢的感觉。同时，年轻女性也可以尝试一些时尚的眉妆风格，如微弯的眉形或渐变的眉色，以增加整体妆容的时尚感。

随着年龄的增长，面部肌肤逐渐出现松弛、细纹等衰老迹象，眼神也可能变得较为深沉。此时，眉妆的浓淡应适度增加，以平衡面部的衰老特征。浓密的眉妆能够提升面部立体感，使眼部更加有神。对于年长的女性，眉妆的浓淡应以优雅、自然为主，要避免过于浓重或夸张。优雅的眉妆能够凸显年长女性的气质魅力，使整体妆容更加大方得体。

特别值得注意的是，无论浓淡，眉妆都应追求自然和谐的效果，要确保眉毛与整体妆容及面部特征完美融合，以避免给人过于突兀或夸张的感觉。

5. 弧度优美：凸显不同的风格

眉妆的弧度，如同笔触下的旋律，能够细腻地描绘出个人的独特风格。温柔的眉妆弧度，如同弯月轻挂夜空，婉约而含蓄，让人感受到一种静谧而内敛的美。它轻轻勾勒出女性的柔情似水，让女性散发出一种温柔婉约的气质，令人心生怜爱。刚毅坚定的眉妆弧度，则如同剑锋出鞘，锐利而果敢。它展现出的是一种坚定不移的力量，能彰显出女性的独立与自信。

通过巧妙调整眉妆的弧度，我们能够轻松打造出符合个人气质与风格的妆容，让眉毛成为展现个性的有力工具。那如何选择合适自己的眉妆弧度呢?

（1）了解自己的脸型。每个人的脸型都有所不同，因此适合的眉妆也会有所差异。例如，对于拥有圆润脸庞的人来说，稍微上扬的眉形能够有效地拉长脸型，使得面部轮廓更加立体；而对于脸型较长的人来说，选择较为平缓的眉形则可以平衡脸型，使整体看起来更加和谐。因此，在挑选眉妆时，我们先要明确自己的脸型特点，再选择与之相匹配的眉妆风格。

（2）明确自己的气质类型。应根据自己的性格特点和想要表达的形象，选择适合的眉妆弧度。对于文静内敛的人来说，宜适合自然眉或弯眉。这样可以突出个人的温柔和亲和力，使整体妆容更加和谐。对于个性鲜明、气场强大的人来说，应选择直眉或剑眉，如此可以突出个人的自信和强大，使整体妆容更加有力量。

（3）符合特定的场景要求。平时，可以多尝试几种不同的弧度，找到最适合自己的那一种。同时，也要根据场合和妆容的需要进行适当的调整。如果是日常妆容，可以选择自然的眉形，如自然眉或柳叶眉。如果是出席正式场合，可以选择稍微上扬的眉形，如拱形眉或挑眉，以突出个人的自信和专业。

要画出弧度优美的眉妆，在具体操作的过程中，可以遵循以下步骤。

步骤一，确定眉妆的基本框架。使用眉笔或眉粉轻轻勾勒出眉毛的上下轮廓，确定出眉头、眉峰和眉尾的位置。眉头应位于内眼角前鼻梁的垂直线上，眉峰位于鼻翼到外眼珠的连接线上，眉尾则位于鼻翼到眼尾延伸处。

步骤二，描绘出相应的弧度。从眉峰开始，顺着毛发生长的方向，用眉笔或眉刷轻轻描绘出轻盈的线条，直到连接眉尾。这一步骤在具体操作过程中，要注意线条的流畅与弧度的自然，避免过于生硬或突兀。

步骤三，填充并晕染眉毛。使用眉笔或眉粉填充眉毛的间隙，需注意密度和颜色的均匀。然后用眉刷将眉毛晕染开，使整体看起来更加自然。特别是眉头和眉尾部分，要用螺旋刷轻轻晕染，以达到自然的过渡效果。

步骤四，不断尝试与调整。用眉刷或棉签蘸取适量遮瑕膏或粉底液，轻轻修饰眉毛边缘，使眉妆更加干净利落。同时，根据个人喜好和场合需求，可以适当调整眉妆的浓淡和弧度。

在整个过程中，不断尝试与调整是关键。每个人的眉毛生长情况和脸型气质都有所不同，因此需要在实际操作中不断摸索，找到最适合自己的眉妆方法和弧度。

如果实在拿不准什么弧度的眉妆更适合自己，可以先通过观察他人的眉妆来感受不同的气质表达。例如，那些眉妆弧度较为平缓的人，往往会给人一种温柔、内敛的感觉，这种眉妆适合文静、低调的人；眉妆弧度较为上扬的人，则显得更加精神、有活力，这种眉妆更适合个性鲜明、气场强大的人。

在观察的过程中，你可以尝试想象如果自己画上这样的眉妆，会呈现出怎样的气质和形象。通过这样的观察和想象，你可以逐渐对适合自己的眉妆弧度有一个大致的把握。之后，再结合自己的脸型、发色、眼睛形状等因素进行综合考虑。当然，也可以参考一些专业的眉妆教程和化妆师的建议，以便更准确地找到适合自己的眉妆风格。

眉妆是一个熟能生巧的过程，通过不断的练习和调整，你一定能找到最适合自己的眉妆弧度，从而展现出你最自信、最美丽的一面。

6. 虚实结合：增强面部立体感

“虚”与“实”是美学中一对重要的对立统一概念，体现在眉妆上，即为眉毛的立体感与层次感。虚，指眉毛轻盈、柔和的部分，如边缘的淡化、空隙的留白；实，则指眉毛的饱满、鲜明部分，如主干的勾勒、色泽的填充。一实一虚，既形成了眉毛的立体感，又赋予了眉妆生命力和灵动感。虚实得当的眉妆，能在视觉上丰富面部立体感，赋予妆容深度与韵律，进而增强个人气质的呈现。

在实际操作中，实现虚实结合的面部立体感需掌握以下几点。

（1）阴影的应用。阴影是塑造面部立体感的关键元素，它能巧妙地营造出面部的深邃感。在运用阴影时，特别要注意：在颧骨下方，可以使用柔和的阴影色，轻轻晕染，这样既能突出颧骨的轮廓，又能让脸部线条显得更加紧致。对于下巴下方，阴影的运用能突显下巴的线条，使脸部轮廓更加分明。而在鼻翼两侧，适当涂抹阴影，不仅能缩小鼻翼的视觉效果，还能增强鼻梁的立体感。

在实际操作中，需要根据自己的脸型和气质来选择合适的阴影运用方式。例如，对于圆脸来说，脸颊两侧的阴影能拉长脸部线条，使脸部看起来更加修长；对于方脸，下颌线两侧的阴影则能柔化脸型，使脸部线条更加柔和；而对于长脸，额头两侧的阴影则能平衡脸部比例，使脸部看起来更加和谐。

（2）高光的应用。高光是提亮面部、增加光泽感的神器。鼻梁上方是涂抹高光的经典位置，它能让鼻梁显得更加挺拔、立体。额头中央的高光应用，则可以提升脸部整体的明亮度，使脸部看起来更加饱满。对于下巴中央，使用高光可以突显下巴的轮廓，增强脸部的紧致感。

（3）产品选择。在挑选阴影和高光产品时，务必注重质地、颜色和持久度。阴影产品应选择质地细腻、易于晕染的，颜色应与肤色自然融合。

而高光产品则应选择质地轻薄、易于推开的，颜色应亮泽而不刺眼。同时，持久度也是一个不可忽视的因素，要确保妆容在一天中都能保持完美状态。

（4）化妆技巧。先使用眉笔或眉粉轻轻描绘出眉毛的实部。注意要顺着眉毛生长的方向进行描绘，以保持自然感。实部的颜色应与自身发色相近，避免过于浓重或突兀。接下来，对虚部进行晕染。使用眉刷蘸取适量眉粉或眼影粉，在实部的基础上进行晕染。晕染的方向应沿着眉毛的生长方向进行，以打造出自然的过渡效果。虚部的颜色可以稍微浅一些，以增加层次感。最后，使用极细的眉笔或眼线笔对眉毛进行细节修饰。可以在眉头部分轻轻描绘出几根仿真的眉毛，以增加毛流感；也可以在眉尾部分稍作延伸，以拉长眉形。

虽然眉妆的虚实处理能够增加眉毛的立体感和层次感，但过度修饰反而会显得不自然。因此，在化妆过程中要保持适度原则，不要因过于追求完美而失去了自然感。

虚实结合是一种有效的增强面部立体感的方法。通过巧妙运用化妆技巧，再结合面部本身的特征，就可以实现面部轮廓的强化和美化。在化妆过程中，强调面部的一些部位，如鼻梁、颧骨、下巴等，同时弱化其他部位，如脸颊、额头等，就可以创造出明暗对比，使面部更加立体和有层次感。

7. 高低得当：优化面部的比例

适宜的眉毛高低能够让人看起来精神抖擞，提升整体妆容的效果，反之则可能让人显得疲倦无神。因此，在化妆过程中，我们需要根据个人的脸型、气质以及妆容需求来精心调整眉毛的高低位置。

（1）眉妆高低与脸型匹配。脸型与眉毛的高低有着密切的联系，不同脸型需要不同的眉形来凸显面部特点和美感。对于椭圆形脸，由于脸部比例相对均衡，眉毛的最佳位置应位于眼睛上方，略高于眼球，这样可以更好地凸显出眼睛的明亮与灵动，同时保持脸部的和谐与平衡。

圆形脸常常给人一种可爱、甜美的印象，为了拉长脸部线条，使脸部看起来更加瘦长，眉毛可以适当提高。这种设计可以有效增加脸部的立体感，使整体形象更加优雅大方。

方形脸的特点在于棱角分明，为了软化这一特点，眉毛可以画得略带弧度，并稍微抬高眉头。这样不仅可以减少脸部的硬朗感，还能增添一份柔和与亲切，使面部轮廓更加和谐自然。

长形脸则需要通过降低眉头来缩短脸部的长度，使整体比例更加协调。这种设计可以有效避免脸部显得过于狭长，从而营造出一种更加舒适、自然的视觉效果。

（2）眉妆高低要与气质相匹配。对于温柔气质的人来说，平缓的眉毛更能凸显出柔和、亲切的特点，位置不宜过高，以免显得过于凌厉。而精神活力的人则适合适当提高眉毛，以强调眼神的明亮与活力，展现出积极向上的形象。这种设计可以使面部更加生动，充满朝气。成熟稳重的人则更适合将眉毛画得略低一些，以彰显沉稳、内敛的气质。这种设计可以使面部线条更加柔和，给人一种成熟、可信赖的感觉。

（3）眉妆高低要与妆容需求匹配。在不同的妆容需求下，眉毛的高低也会有所变化。自然妆追求的是清新自然的效果，因此眉毛的位置应与原有的眉形相符合，不宜过于夸张或突兀，以保持整体妆容的自然感。夜晚妆则更注重戏剧性和吸引力，因此眉毛可以适当提高，以突出眼部的深邃与神秘感。这种设计可以使面部更加立体，并增添一份神秘与魅力。而职业妆则更注重整洁与干练的形象，眉毛应保持适度的高度和形状，以展现出专业和自信的气质。这种设计可以使面部线条更加清晰，给人一种精明能干的感觉。

在调整眉毛高低时，可以使用眉笔或眉粉轻轻描绘出理想的眉形。在描绘时要注意要让眉头、眉峰和眉尾的位置、角度相互协调，避免出现高低不平或歪曲的情况。同时，要根据个人的脸型、气质和妆容需求进行细致的调整，以打造出最适合自己的完美眉形。这样不仅可以让人看起来更加精神抖擞，还能提升整体妆容的和谐与美感。

气质解码：从“邻家女孩”到“时尚达人”

眉线的调整，对一个人的气质有重要影响。从美学的角度来看，眉线的形状、粗细和位置都与一个人的气质紧密相关。下面，我们来看一个通过调整眉线，实现从“邻家女孩”到“时尚达人”转变的实例。

林悦是一位热爱生活、性格随和的上班族，平时习惯以自然、亲切的形象示人，被朋友们亲切地称为“邻家女孩”。然而，她内心渴望尝试更多元化的风格，特别是想要在某些特定场合，如公司晚宴或朋友聚会时，展现出更加时尚、个性的一面。为了实现这一转变，她在美妆师的帮助下，对自己的眉线进行了一次大调整。

林悦原本的眉形是典型的自然平直眉，眉头与眉尾几乎在同一水平线上，线条流畅、自然，与她的圆润脸型和温暖笑容相得益彰，充分展现了她的亲和力与邻家气质。然而，这种眉形在视觉上缺乏亮点，也不利于她展现更为鲜明的个性。

为帮助林悦在特定场合展现时尚达人的气质，美妆师决定将她的眉形调整为微挑眉。微挑眉的特点是眉头低、眉峰高、眉尾略高于眉头，整体呈轻微上扬趋势，能有效提升眼部神采，赋予面部更强的立体感与时尚感。

具体的调整步骤如下。

首先，精准定位眉峰。通常，眉峰应在瞳孔外侧的正上方，或略偏向鼻梁方向。美妆师提升了她的眉峰高度后，使得林悦的眼神看上去更加犀利，面部视觉焦点更加集中，从而增强了她的自信和独立感。

其次，拉长眉尾。适当拉长眉尾，并使其高于眉头。这样做的好处在于，可以拉长眼形，使面部轮廓显得更为修长，增添成熟与神秘感。同时，微微上扬的眉尾与眼尾形成呼应，强化了眼神的动态感，使她在人群中更具辨识度。

再次，强化眉色与线条。在调整眉形的同时，也注意加强了她眉色的层次感。美妆师使用深浅两种眉粉或眉笔，浅色用于眉头和眉中，深色强调眉峰和眉尾，制造出了自然的渐变效果。线条方面，保持眉尾纤细，眉腰饱满，以增加眉妆的精致度，进一步提升时尚感。

最后，精细修整。细致地修整杂乱的眉毛，保持了眉形的整洁与清晰。同时，利用遮瑕膏修饰眉部周围的肌肤，使眉妆与肤色无缝衔接，呈现出高级的妆效。

经过美妆师的一番打造，林悦的气质一下就提升了上来。比如，调整前，林悦的平直眉自然舒展，与她的微笑一同传递出强烈的亲和力。调整后，虽然微挑眉降低了眉部的柔和度，但通过保留眉头的自然过渡与适当的眉色晕染，仍能保持一定的亲切感，只是这种亲和力不再占据主导地位。

再如，之前她的眉妆过于平淡，难以凸显时尚元素。调整后的微挑眉，以其独特的角度、线条与色彩层次，为林悦的妆容注入了鲜明的时尚气息。

综上所述，通过对林悦的眉线进行调整，让她成功实现了从“邻家女孩”到“时尚达人”的气质转变。这一实例生动展示了眉线调整对个人气质的重要影响，证明了通过精细的眉妆设计，每个人都可以灵活驾驭多种风格，展现多面魅力。

第七章
眼妆与气质

在美的殿堂里，眼睛被誉为“灵魂之窗”，因为它承载着情感的潮汐，演绎着生命的诗篇。而眼妆，便是那神秘工匠手中的魔法笔，以细腻的线条、丰富的色彩、深浅的晕染，为这扇窗镀上一层层迷人的光华，使之成为气质塑造的关键元素。

1. 不同的眼妆传达着不同的气质

眼妆是妆容中最为重要的一部分，它能够改变眼睛的形状、大小和神采，从而影响一个人整体的气质表现。不同的眼妆风格会带来不同的气质感受。对于追求美丽与个性的现代女性来说，掌握不同的眼妆技巧，无疑是提升个人魅力的一大捷径。

每一款眼妆风格，都如同一种独特的语言，诉说着不同的气质特点，并让人们在第一时间就能感受到你的个性与魅力。

（1）自然眼妆。它采用淡雅的色调，轻轻扫过眼睑，能营造出清新脱俗的妆感。自然眼妆追求的是裸妆效果，让人感觉仿佛没有经过精心化妆。这种眼妆通常使用接近肤色的眼影，只要轻微勾勒眼线，刷上淡淡的睫毛膏即可。自然眼妆适合日常妆容，能够展现出清新、自然的气质，适合在校学生或追求自然美的职场女性。

（2）简约眼妆。这种眼妆风格追求的是一种简洁而不失优雅的美感。它强调眼线的勾勒和睫毛的卷翘，通过精细的线条和立体的睫毛，来让双眼更加有神。眼影的色彩选择相对单一，通常以深棕、黑色等保守色系为主，以营造出一种低调而高雅的氛围。简约眼妆给人一种干练、利落的感觉，非常适合职场或正式场合。当你身穿职业装，搭配一款简约眼妆，不仅能展现出你的专业和稳重，还能让你的双眼成为整个妆容的亮点，为你增添一份自信和魅力。

（3）甜美眼妆。甜美眼妆是当下颇为流行的一种眼妆风格。它通常运用柔和的色彩，如粉色、浅蓝色或者香槟色等，再搭配上亮片或闪粉，以此来提升眼部的闪亮度。这种眼妆风格能够营造出一种可爱、甜美的氛围，让人显得格外迷人。甜美眼妆尤其适合年轻的女性，能展现出她们的青春活力与甜美气质。在约会等场合，这种眼妆更是能够增添女性的魅力，为整体造型加分。

（4）艺术眼妆。艺术眼妆是一种极具创意的妆容类型。它是运用各种丰富多彩的颜色和多样的技巧来打造的，例如彩虹般绚烂的眼影、充满几何美感的图形或是精心描绘的图案等。这种眼妆风格大胆而前卫，突破了传统的束缚，能展现出个人独特的魅力。艺术眼妆尤其适合在艺术表演、摄影作品或是主题派对等场合中出现。它不仅能够完美呈现出个人的鲜明个性，更能凸显其独特的艺术气质，成为整个场合的焦点。通过艺术眼妆，人们可以表达出自己的创意和想法，展现出对艺术的独特理解和追求。

（5）烟熏眼妆。烟熏眼妆，其特点是以深色系的眼影为主色调。通过渐层晕染的技巧，由浅至深地描绘，从而让眼部的轮廓显得更为深邃、立体。在烟熏眼妆中，眼线通常会被描绘得较为浓重，以突出眼部的神韵，同时，浓密的睫毛也能为整个妆容增添了不少魅力。这种眼妆风格会给人带来一种成熟且魅惑的视觉感受。它非常适合晚宴、重要社交场合等正式场合。女性们借助这种眼妆，能够展现出自己成熟的韵味以及优雅的气质，成为场合中的焦点。烟熏眼妆宛如一件华丽的礼服，为女性的美丽加分，让她们在重要时刻焕发出迷人的光彩。

不同的眼妆风格可以通过改变眼影的色彩、质地、晕染范围，眼线的粗细和形状，以及睫毛的浓密程度来实现。选择合适的眼妆风格不仅能够突出个人的特点，还能够根据不同的场合和着装，展现出多样化的气质。因此，了解各种眼妆风格及其对应的气质，对于打造完美的妆容至关重要。

2. 眼妆颜色的选择

眼妆是整个妆容的点睛之笔，而眼妆颜色的选择更是塑造个性与增强魅力的关键所在。不同的眼妆颜色能够传达出不同的情感和氛围，因此在选择眼妆颜色时，我们需要综合考虑自己的肤色、眼睛颜色、个人风格以及所处的场合等多个因素。

（1）考虑肤色。

①暖色调肤色。适合选择温暖的颜色，如金色、橙色、棕色等，这些颜色能够使暖色调肤色更加明亮，并为其增添活力和阳光的感觉。用金色眼影可以打造高贵典雅的眼妆，橙色眼影能增添一种温暖而亲切的感觉，棕色眼影则适合日常妆容，能给人一种自然的感觉。

②冷色调肤色。可以尝试蓝色、紫色、绿色等冷色系。这些颜色能够

使冷色调肤色更加清新，并为其增添神秘和优雅的感觉。选择蓝色眼影有助于打造出清新明亮的眼妆，紫色眼影能增添一种神秘而浪漫的感觉，绿色眼影则适合春夏季节，能给人一种清新自然的感觉。

③中性肤色。具有较多的选择空间。中性肤色的女性可以选择各种颜色，根据个人喜好和妆容需求来选择即可。

（2）眼睛颜色。

①棕色眼睛。对于棕色眼睛的人来说，几乎所有颜色的眼妆都能适配。然而，深色系的眼影能进一步增强眼神的深度，使眼睛更加深邃而富有神秘感。

②蓝色眼睛。无论是暖色还是冷色的眼妆，都能突出眼睛的颜色，展现出独特的魅力。暖色调的眼妆可以为其增添温暖与活力，而冷色调则能营造出冷静与幽雅的氛围。

③绿色眼睛。可以考虑与绿色相协调或形成对比的色彩。例如，选择绿色系的眼影可以增强眼睛的绿色调，使其更加鲜明突出。而与绿色形成对比的颜色，如红色或紫色，也能带来强烈的视觉冲击。

（3）场合与氛围。

①日常场合。在日常生活中，自然、柔和的颜色，如棕色、米色等，更适合。这些颜色可以营造出自然、清新的妆效，适合日常生活和工作场合。

②正式场合。在正式场合，低调、优雅的色彩，如灰色、黑色等，更能体现出庄重和专业。

③晚宴或派对。在晚宴或派对上，可以尝试大胆、鲜艳的颜色，如红

色、金色等，以增加节日气氛和个人魅力。

（4）个人风格。

①甜美风格。对于喜欢甜美风格的人，粉色、浅紫色等颜色可以营造出可爱、甜美的妆效。

②成熟和优雅风格。这种风格的眼妆更适合选择经典色系，如棕色、灰色等。这些颜色低调而内敛，能够给人一种稳重、优雅的感觉。棕色眼妆适合日常妆容，能给人一种自然的感觉；灰色眼妆则能增添一种时尚而现代的感觉。可以选择这些颜色单独使用，或者进行渐变晕染，以打造出深邃而立体的眼妆效果。同时，可以适当添加一些珠光或细闪的眼影，以增加眼部的光泽感，使眼神更加明亮有神。

③大胆和时尚风格。大胆和时尚的眼妆颜色选择更加多样化，可以选择明亮或特殊的色彩组合，如蓝色、绿色、紫色等。这些颜色能够展现出个性和独特的风格，使眼睛更加吸引人。此外，还可以尝试一些特殊的技巧，如烟熏妆、猫眼妆等，以增加眼妆的趣味性和创意性。

除此之外，在选择眼妆颜色时，还需特别注意以下几个要点。

（1）确保色彩搭配协调，避免过于繁杂。过多的颜色可能会让整个妆容显得混乱，无法突出重点。

（2）试色后再做决定是非常有必要的。不同的肤色、眼睛颜色以及个人气质，对颜色的呈现效果可能存在差异。通过试色，可以找到最适合自己的颜色。

（3）配合使用合适的眼影质地，如哑光或闪光。哑光质地可以营造出低调优雅的效果，而闪光质地则能增加眼部的明亮度和立体感。

总之，选择合适的眼妆颜色需要综合考虑多个因素，包括肤色、眼睛颜色、个人风格、场合以及时尚趋势等。只有充分了解和把握这些因素，才能选择出适合自己的眼妆颜色，从而打造出极佳的妆容效果。

3. 眼部打底方法

眼部打底是眼妆中的第一步，也是非常重要的一步，因为它可以为后续的眼影、眼线和睫毛膏提供更好的附着力和持久度。

下面，我们来介绍一些眼部打底的方法，以及如何选择合适的眼部打底产品，并详细介绍眼部打底的步骤和技巧，以及如何进行定妆和检查。

（1）选择合适的眼部打底产品。眼部打底产品有很多种，包括眼部底霜、眼部遮瑕膏等。选择合适的产品取决于个人的肤质和需求。

眼部底霜：这些产品通常具有保湿和填充细纹的作用，能够为眼影提供一个平滑的底妆。不仅如此，它们还可以改善眼部肌肤的质地，使其更加细腻和光滑。

眼部遮瑕膏：如果眼睛周围有瑕疵或黑眼圈，可以选择适合自己肤色的遮瑕膏来遮盖。遮瑕膏能够有效遮盖黑眼圈和瑕疵，使眼部肌肤看起来更加明亮和均匀。

在选择眼部打底产品时，需要考虑两个因素：一是肤质，要根据个人的肤质选择合适的产品，如油性肌肤的人可以选择控油型的眼部打底产品，而干性肌肤的人则可以选择保湿型的产品；二是需求，要根据需求选择合适的产品，如需要遮盖黑眼圈，可以选择遮瑕膏，需要改善眼部肌肤的质地，可以选择眼部打底霜或底霜。

（2）眼部打底的步骤和技巧。

眼部打底主要有如下几个步骤。

①清洁和滋润。要确保眼部肌肤干净且滋润。为此，可以使用温和的眼部卸妆液卸除眼妆，然后使用眼霜或眼部精华来进行保湿。

②涂抹打底产品。使用手指或化妆刷将眼部打底霜或底霜均匀涂抹在眼窝和眼皮上，从眼头到眼尾轻轻推开。这一步骤需确保眼窝和眼皮都均匀覆盖打底产品，以提供平滑的底妆。

③轻拍遮瑕膏。如果需要遮盖黑眼圈或其他瑕疵，可以用手指轻轻拍打遮瑕膏，使其与肌肤融合。要确保遮瑕膏均匀覆盖瑕疵，以达到最佳的遮盖效果。

④定妆。使用透明散粉或眼部专用散粉轻扫眼窝和眼皮，以固定打底效果，要注意避免眼影或眼线晕染。定妆可以帮助眼妆更加持久，不易脱妆。

（3）检查和调整。在完成整个眼妆后，需要进行检查和调整，以确保眼部打底的效果达到最佳。

①检查眼部打底是否均匀。仔细检查眼部肌肤是否均匀覆盖了打底产品，是否有遗漏或斑驳的地方。

②调整眼部打底。如果发现有遗漏或斑驳的地方，可以用手指或化妆刷轻轻调整，使眼部肌肤更加均匀和光滑。

③检查眼部肌肤的湿润度。要确保眼部肌肤不会过于干燥或油腻，以避免眼影或眼线晕染。

通过以上步骤，可以为眼妆提供一个良好的基础，使眼影、眼线和睫毛膏更加持久和自然。记住，眼部肌肤较薄，因此选择适合自己肤质的产品非常重要，以免造成刺激或过敏。同时，保持眼部肌肤的湿润和光滑，有助于眼妆更加持久和美观。

4.眼型的调整技巧

眼型的调整是眼妆中的重要环节，它可以改变眼睛的形状，使其看起来更大、更有神。通过眼型调整，可以增强眼睛的魅力，使整个妆容更加完美。

（1）单眼皮或内双眼皮眼型的调整。对于单眼皮或内双眼皮的眼型，化妆的关键在于通过眼线和眼影的巧妙运用来打造出层次感和深邃感，从而让眼睛显得更加有神。首先，选择一个明亮的浅色眼影为整个眼窝打底，这样可以为后续的色彩叠加提供一个明亮的背景，同时也能增加眼睛的明亮感。接着，采用深色眼影在眼窝的褶皱处进行晕染，注意要营造出从浅到深的自然渐变效果，这样可以在视觉上增加眼窝的深度，让眼睛看起来更加深邃。

在眼线的处理上，选择一款细而自然的眼线笔或眼线液，紧贴睫毛根部细致描绘，以增强眼睛的轮廓感。最后，为了进一步放大眼睛的效果，可以使用卷翘型的睫毛膏，或者根据需要粘贴合适的假睫毛，这样可以让睫毛更加浓密卷翘，从而在整体上放大眼睛，提升眼部的吸引力。

（2）圆眼型的调整。圆眼型的人通常希望眼睛看起来更加修长，因此眼妆的调整重点在于通过眼线和眼影的运用来拉长眼形，增加眼部的立体感。在眼线的描绘上，可以适当将眼线向外延伸，尤其是在眼尾处，轻轻上扬眼线，形成略微上扬的弧度，这样可以在视觉上拉长眼形，使眼睛看起来更加修长。

同时，使用深色眼影在眼尾处进行晕染，打造出自然的渐变效果，这样不仅可以进一步拉长眼形，还能够增强眼部的立体感。在眼影的选择上，可以选择一些具有拉长效果的眼影色彩，如棕色、灰色等，这些颜色能够在视觉上产生延伸的效果，让眼睛显得更加修长。通过这些专业的化妆技巧，圆眼型的人可以轻松打造出更加精致和迷人的眼妆效果。

（3）下垂眼的调整。下垂眼型往往会给人一种疲惫或悲伤的感觉，通过眼妆的巧妙调整，可以提升眼部的神采和整体妆容的活力。首先，在眼线的描绘上，可以采用微微上扬的眼线技巧，特别是在眼尾处，轻轻上扬眼线，能创造出一种视觉上的提升效果。这种上扬的弧度不仅能够瞬间提升眼部的神采，还能营造出一种积极向上的表情。此外，为了增加眼部的明亮感和立体感，可以使用浅色或带有细闪的眼影在眼头部位进行提亮，这样可以让眼睛看起来更加明亮有神，同时也能够吸引他人的注意力，使整个眼妆更加生动和吸引人。

（4）宽眼距的调整。宽眼距是指两眼之间的距离较宽，这可能会影响面部的整体平衡感。通过一些化妆技巧，可以有效地调整眼距，使眼睛看起来更加集中，从而提升面部的和谐度。首先，在眼线的描绘上，可以适当将眼线向内移动，即在眼头部位开始描绘眼线，并且稍微向内延伸，这样可以在视觉上缩小两眼之间的距离。为了避免过于生硬，眼线的内移应该保持自然和流畅。

接下来，可以使用深色眼影在眼头部位进行晕染，以创造出一种自然的渐变效果，这样不仅能够进一步拉近眼距，还能够增加眼部的深邃感。在晕染时，应该注意颜色的过渡要柔和，避免出现明显的界线，以达到自然和谐的效果。通过这些专业的化妆技巧，可以有效地调整宽眼距，使眼部更加有神，从而提升整体妆容的精致度和和谐感。

在调整眼型的过程中，需要注意整体妆容的协调性和自然感。不同的眼妆技巧和方法需要相互配合，以达到最佳的妆容效果。同时，也要根据自己的脸型和气质特点，选择合适的眼妆风格，来让整体妆容更加和谐统一。

眼妆的调整是一门实用的技巧，通过掌握不同的眼妆方法和技巧，可以根据自己的眼型特点打造出完美且迷人的眼部妆容。无论是单眼皮、圆眼型还是下垂眼等不同的眼型问题，都可以通过巧妙的眼妆调整来得到改善。

5. 眼线的勾勒步骤

眼线是眼妆中的灵魂，能够勾勒出眼睛的形状，增强眼睛的神采，并为整体妆容增添焦点。掌握正确的眼线勾勒技巧，不仅可以让你轻松打造出完美的眼线效果，还可以让你轻松打造出一双迷人的眼睛。

下面，我们来一起探索眼线勾勒的步骤。

（1）选择合适的眼线工具。市面上有各种各样的眼线工具供我们选择，其中最常见的就是眼线笔、眼线液笔和眼线膏。对于初学者来说，眼线笔是一个不错的选择。它的线条自然流畅，容易掌握，而且质地较为柔软，不会给眼部肌肤带来太大的负担。而对于想要画出更加精细线条的人来说，眼线液笔则是一个更好的选择。它的线条持久且不易晕染，能够轻松勾勒出完美的眼线形状。至于眼线膏，它更适合想要画出浓郁或夸张眼线的人。眼线膏的质地柔软且易于调整，能够打造出更加立体的眼线效果。

（2）确定眼线的位置。确定眼线的起点是第一步，通常是从内眼角开始，沿着睫毛根部向外眼角延伸。在这个过程中，要确保眼线工具紧贴睫毛根部，不应离得太远，以免造成空隙。

与此同时，要注意眼线的宽度和角度。根据个人喜好和眼型，眼线的宽度可以从细到宽不等。如果你想要打造出更加自然的眼线效果，可以选择细一些的线条；如果你想要让眼睛更加有神，可以选择稍宽一些的线条。至于眼线的角度，也是可以根据个人喜好和眼型进行调整的。例如，如果想要打造出上扬的眼线效果，可以在眼尾处略微上扬。如果你想要打造出平直的眼线效果，则可以将眼线保持水平状态。

（3）勾勒眼线。在这个过程中，要注意一些细节。首先，要确保眼线与睫毛根部紧密相连，不要出现空隙。如果有空隙的话，不仅会影响整体妆容的美观度，还会让眼睛看起来无神。因此，在勾勒眼线时，一定要仔细检查每一个细节，以确保眼线的完整和连贯。其次，要注意眼线的晕染问题。如果眼线晕染得太严重，不仅会让眼睛看起来脏兮兮的，还会影响整体妆容的持久度。在勾勒完眼线后，可以使用眼线刷或手指轻轻晕染眼线，使其与肌肤自然融合，从而避免产生生硬和突兀的感觉。

（4）眼线填充与晕染。眼线填充和晕染是眼线勾勒过程中的两个重要步骤，它们能够使眼线更加完整、立体，并与肌肤自然融合，避免了显得生硬的问题。

眼线填充是指使用眼线工具填充睫毛根部之间的空隙，使眼线更加完整和立体。填充眼线时，需注意三点：一是均匀填充，要避免出现明显的空隙或斑驳；二是填充眼线时，可以从内眼角向外眼角逐渐填充，使眼线从细到宽，逐渐过渡；三是根据个人喜好和眼型调整填充深度。对于想要突出眼线效果的人，可以适当加深填充深度；对于想要自然效果的人，可以适当减少填充深度。

眼线晕染是指使用眼线刷或手指轻轻晕染眼线，使眼线与肌肤自然融合，避免其生硬化妆手法。晕染眼线时，需注意晕染范围与深度。晕染眼线时，应从眼线的外眼角开始，向内眼角方向轻轻晕染，要使眼线逐渐过渡到肌肤。对于想要突出眼线效果的人，可以适当加深晕染深度；对于想要自然效果的人，可以适当减少晕染深度。

（5）检查和调整。仔细检查眼线是否完整、均匀且连贯，是否有遗漏或瑕疵。如果发现眼线不均匀或有遗漏的地方，可以使用眼线工具轻轻进行补救和调整。同时，还可以根据整体妆容的风格和氛围来调整眼线的颜色和粗细程度，以达到最佳的妆容效果。

眼线勾勒是一门需要技巧和耐心的艺术。通过掌握正确的眼线勾勒技巧，我们可以轻松打造出完美的眼线效果，为整体妆容增添亮点和魅力。

6. 打造迷人睫毛

睫毛在眼妆中扮演着举足轻重的角色。它们像扇子一样轻轻扫过眼眸，不仅为眼睛增添了无限魅力，还能在不经意间提升一个人的整体气质。那么，怎样才能让睫毛更加迷人呢？下面，就来了解一些打造迷人睫毛的秘诀吧。

（1）使用睫毛夹。它就像是睫毛的“造型师”，轻轻一夹，就能让睫毛瞬间变得卷翘有型。在夹睫毛时，要从根部开始，轻轻地、多次重复地向上夹，这样可以让睫毛更加自然卷翘。当然，为了防止睫毛夹得太生硬，可以在夹之前涂抹一些睫毛底膏，这样既能保护睫毛，又能让卷翘效果更持久。

（2）选择合适的睫毛膏。市面上的睫毛膏种类繁多，有增长型的、加密型的、卷翘型的……不过别担心，只要你根据自己的需求选择合适的睫毛膏，就能轻松打造出迷人的睫毛效果。对于初学者来说，防水型的睫毛膏是个不错的选择，因为它能够更好地保持妆容，避免因为汗水或泪水而晕染。

（3）采用Z字形刷法。在涂抹睫毛膏时，有个小技巧：采用Z字形刷法！从睫毛根部开始，以Z字形的方式向上刷，这样可以让睫毛更加浓密，就像扇子一样层层叠叠。在刷的过程中，要让刷头均匀覆盖每一根睫毛，只有这样才能让睫毛膏发挥出最大的效果。

（4）分段处理。先着重刷睫毛的根部，让其更加挺立有型。然后再刷睫毛的尖端，增加长度和卷翘度。

（5）使用睫毛打底膏。它可以增强睫毛的持久度和卷翘度，让睫毛看起来更加浓密和有光泽。在涂抹睫毛膏之前，先涂抹一层睫毛打底膏，来让睫毛更加有光泽。涂抹睫毛打底膏的方法为：先用手指或化妆刷轻轻梳理睫毛，使其整齐；使用睫毛刷或手指轻轻涂抹一层睫毛打底膏，从睫毛根部开始，均匀涂抹至睫毛尖端；注意不要涂抹过多，以免造成睫毛粘连或堆积。

（6）定期清理睫毛。残留的睫毛膏不仅会影响睫毛的美观度，还可能会对睫毛造成损害。因此，要定期使用睫毛卸妆液清理睫毛，以保持睫毛的干净和健康。

（7）睫毛的修剪。适当修剪过长或不规则的睫毛，可以使其更加整齐。修剪睫毛时，可以用小剪刀轻轻剪掉过长的部分，使睫毛更加整齐。修剪睫毛时，可以使用专业的睫毛修剪工具，如小剪刀或睫毛修整器。在修剪时，应从睫毛的根部开始，轻轻剪掉过长的部分，要避免剪得太短或剪断睫毛。修剪后，可以使用睫毛梳或手指轻轻梳理睫毛，使其整齐。

（8）添加假睫毛。对于想要更加浓密效果的人来说，可选择合适的假睫毛进行粘贴。要选择与自己的睫毛颜色相近的假睫毛，并在粘贴时要注意不要粘得太紧，以免伤害真睫毛。在粘贴假睫毛时，可以使用专业的假睫毛胶水或睫毛胶。粘贴前，先用睫毛梳或手指轻轻梳理睫毛，使其整齐。再将假睫毛对准睫毛线，从中间开始，轻轻向上推，使其与真睫毛自然贴合。粘贴后，可以用睫毛梳轻轻梳理假睫毛，使其更加自然。

（9）使用睫毛雨衣。睫毛雨衣能有效防止睫毛晕染，从而保持妆容的整洁。涂抹前，先用睫毛梳或手指轻轻梳理睫毛，使其整齐。涂抹睫毛雨衣时，从睫毛尖端开始，向上涂抹，使其均匀覆盖。涂抹后，可以用手指轻轻按压睫毛，使其更加牢固。

记住，对于新手来说，睫毛的处理不能追求一蹴而就，这是一个需要时间和实践的过程。从睫毛夹的使用，到涂抹睫毛膏，再到粘贴假睫毛等，每个步骤都需要一定的技巧。只有根据个人喜好和眼型选对睫毛，并多加练习，逐渐掌握适合自己的睫毛处理技巧，才可以打造出属于自己的睫毛风格。

新手在处理睫毛时，不应期望立即掌握所有技巧，因为这需要时间和实践的积累。从学习使用睫毛夹开始，到熟练涂抹睫毛膏，再到粘贴假睫毛，每个步骤都有一定的技术含量。只有通过不断学习、实践，并根据个人眼型、气质等因素不断调整风格，睫毛处理技巧才能逐渐提升，最终塑造出符合自身气质的独特的睫毛风格。

7. 眼妆与面容的协调

眼妆是整个妆容的点睛之笔，对于塑造个人形象和气质至关重要。恰到好处的眼妆，不仅能够突显眼神的明亮与深邃，更能够与整个面容形成和谐的统一，从而提升整体的美感。然而，很多人在化妆时往往只注重眼妆本身，而忽视了眼妆与面容的协调性，导致妆容显得突兀或不自然。

要实现眼妆与面容的协调，关键要把握好以下几点。

（1）要了解自己的面容特点。每个人的面容特征都是独特的，包括脸型、肤色，以及五官的布局和形态。这些特点直接影响着妆容的选择和设计。例如，对于圆脸女性，其面部的宽度和长度相对接近，能给人一种可爱而亲切的感觉。为了拉长脸部线条，可以选择深色眼影在眼尾做晕染，以营造出眼部的深邃感，从而在视觉上平衡圆脸的特点。而对于长脸女性，其面部的长度明显大于宽度，容易给人一种成熟、优雅的感觉。在这种情况下，可以通过在眼头和眼尾加重眼影色彩，或者采用较粗的眼线来吸引视线，从而在视觉上缩短脸部的长度。

（2）选择合适的眼妆色彩。眼影色彩不仅要与肤色相协调，还要考虑衣着颜色和出席的场合。肤色偏白的女性可以选择明亮的粉色、紫色或蓝色系眼影，这些颜色能够凸显出肤色的白皙，使眼神更加明亮。而对于肤色偏深的女性，金色、棕色或酒红色等自然色系眼影则更为合适，它们可以与肤色形成良好的呼应，使整体妆容看起来更加和谐。同时，眼影色彩的选择也要考虑与衣着色彩、风格相搭配，应避免妆容与服装之间产生突兀的色差。

（3）眼影色彩的选择应根据肤色、衣着以及场合来决定。眼线不仅可以调整眼型，还可以根据需要拉长或缩短眼部的视觉长度。对于眼距较宽的女性，可以通过在眼头部分稍作延伸来拉近眼距；对于眼距较短的女性，可以在眼尾部分加长眼线，以营造出更加妩媚的眼神。此外，睫毛的处理也是关键。通过选择合适的睫毛膏和刷涂技巧，可以使睫毛看起来更加浓密卷翘，从而增强眼部的立体感和神采。

（4）精细刻画眼线与睫毛。眉毛作为面部的重要部分，与眼妆的协调性同样重要。眉毛的形态和颜色都会影响整体妆容的效果。因此，在打造眼妆时，要根据自己的眉形和眉色来选择合适的眉妆产品。例如，对于眉形较弯的女性，可以选择用眉笔或眉粉来填补空隙并调整眉形；而对于眉色较浅的女性，则可以使用染眉膏来改变眉色以与发色和妆容相协调。通过这些细致的处理手法，就可以营造出更加自然和谐的整体妆容效果。

综上所述，要打造出一款既自然又和谐，同时还充满个性的眼妆，需要将个人特点、色彩搭配和技巧运用三者完美结合，从而最大限度地突出自己的优点，并隐藏缺点，让自己更加自信和迷人。

气质解码：如何画精致有层次感的眼妆

在这个彰显个性和追求自我的世界中，你是否也渴望通过眼妆来挥洒自己的独特气质？那么，怎样才能画出既有层次感又超级精致的眼妆呢？别急，接下来，就让我带你一步步揭开这个美丽且神秘的面纱，让你的双眼也能绽放出迷人的光彩！

（1）摸清眼部“地形”，打造迷人层次。

经常会有人问：“如何让眼妆看上去有层次感？”在回答这个问题前，得先了解你的眼部“地形”！每个人的眼睛都是独一无二的，形状、眼窝深浅都各有不同。所以，在动手化妆之前，要仔细观察自己的眼睛，看看哪些地方最值得突出。比如，眼窝比较深的女士，可以试试用深色眼影在眼窝处稍微晕染一下，这样做之后立马就能感觉到眼睛深邃了好几倍！那眼睛比较圆的小伙伴们呢？别担心，画个眼线，眼睛瞬间就变得妩媚动人啦！由此可见，摸清了眼部“地形”，你的眼妆也能变得非常有层次！

（2）玩转色彩，为眼妆加分。

你知道吗？色彩可是眼妆的魔法元素！选对颜色，你的眼妆就能大放异彩。想想看，暖色调的眼影，比如棕色、金色，是不是会给人一种温暖如阳光的感觉？而冷色调的眼影，像蓝色、紫色，又让你散发出神秘和高贵的气质。更有趣的是，你还可以尝试把几种颜色混搭在一起，以打造出层次丰富的眼妆。这就像是在画布上自由创作，你的眼妆就是你的艺术品！

（3）注重细节处理，提升精致度。

眼妆的精致度，都藏在小细节里。画眼线时，想象一下你正在创作一幅流畅的线条画，既要贴合眼型，又要保持线条的优雅。涂抹睫毛膏时，记得从睫毛根部开始，让每一根睫毛都享受到“美容液”的滋养，让它们变得根根分明、卷翘浓密。还有，别忘了用亮色眼影或高光粉给眼角和下眼睑中央加点亮光，这能让你的眼睛更有立体感和神采。

（4）不断尝试，找到你的专属风格。

每个人的眼睛都是独一无二的，因此找到适合自己的眼妆风格真的很重要。不要担心失败，每一次的尝试都是一次探索和学习的过程。也许你会发现，某种颜色或技巧特别适合你，能让你的眼睛更加迷人。所以，持续练习和尝试吧，相信你一定能找到那个最能展现你个人魅力的眼妆风格！

第八章
唇妆与气质

唇，是面部表情的灵动焦点，是情感交流的直接通道，更是气质展现的独特舞台。唇妆，作为妆容艺术中不可或缺的一环，以其丰富的色彩、细腻的质感、多变的形态，为个体气质赋予着生动的注脚。

1. 嘴型变化与气质表达

在平日里，我们的每一个表情、每一个动作都在传递着独特的气质信息。而在所有的动作、表情中，嘴型的变化无疑是最能体现个性与气质的。因此，我们非常有必要去认真解读一下那些隐藏在嘴巴背后的气质密码。

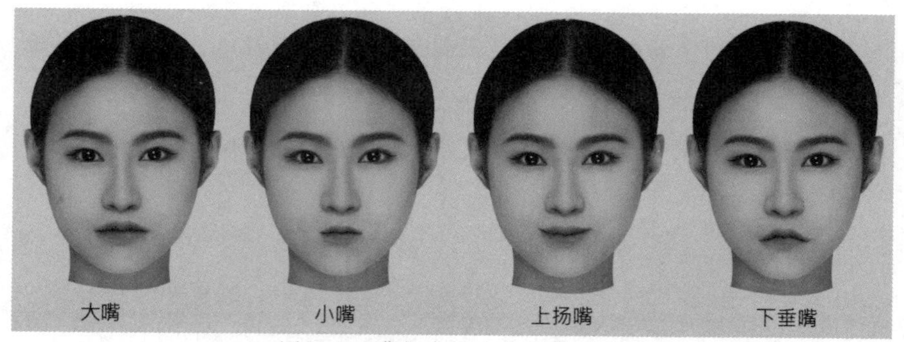

图8-1　嘴部变化与气质的对比

上图是平时较为常见的四种嘴型，从左到右依次是大嘴、小嘴、上扬嘴、下垂嘴。其中，大嘴通常给人一种大气、豪放的感觉。相反，小嘴则给人一种精致、含蓄的感觉。

我们可以通过化妆和修饰来改变自己的嘴部形状，从而调整自己的气质表达。对于大嘴的人来说，可以选择一些淡雅的口红颜色，要避免过于浓烈的色彩，以凸显自己的大气而不失优雅。对于小嘴的人而言，可以选择一些鲜艳或深色的口红，以突出自己的精致和活力。

对于上扬嘴的人来说，可以尝试在日常生活中保持微笑，用积极的态度去面对生活中的挑战。而对于下垂嘴的人来说，则可以通过练习微笑、调整呼吸等方式来改变自己的面部表情，让自己看起来更加亲切和自信。

当然，嘴部变化与气质表达的关系并不是绝对的。每个人的面部特征都是独一无二的，而气质更是受到个人性格、经历等多方面因素的影响。因此，在解读嘴部变化与气质表达时，我们需要结合具体情况进行分析和判断。

那么，如何在实际操作中运用这些知识呢？

首先，需要了解自己的面部特征和气质类型，找到适合自己的嘴部表情和修饰方式。

其次，通过观察他人的嘴部变化来推测他们的气质特点，从而更好地理解他人，并与其更好地沟通。

再次，可以通过练习和反思来提升自己的气质表达能力，让自己在人际交往中更加自信和从容。

嘴部变化与气质表达是一门有趣的学问。通过了解嘴部变化的不同类型和特点，我们可以更好地理解和表达自己的气质。同时，通过掌握一些实用的方法和技巧，我们也可以提升自己的气质表达能力。

2. 唇形的调整：释放专属魅力

在人脸的众多特征中，嘴唇无疑是表情传达和情感交流的重要媒介。不同的唇形，传达出的气质和个性也千差万别。

每个人的嘴唇都是与众不同的，那如何根据自己唇形的特点，进行有针对性的调整，进而找到最适合自己的笑容，释放专属魅力呢？

（1）了解自己的唇形。

唇形可以分为多种类型，常见的唇形主要有如下几类。

一是流行唇。这种唇形的特点在于嘴唇中间部位到嘴角的距离一半处，与下嘴唇的厚度相同。

二是性感唇。此类唇形在嘴唇中间部位到嘴角距离的三分之一处呈现出山峰的形状，起伏较深，唇角稍微向上，且下嘴唇比较丰满。

三是欧美唇。嘴唇中间部位到嘴角的三分之二处呈现出较为圆润平滑的曲线，且外嘴角微微向下。

四是薄唇。指的是嘴唇部分发育不完整，唇峰和唇珠不明显。

五是厚唇。通常看上去比较丰满，嘴唇的厚度超过一般水平。

六是洋娃娃嘴唇。形状圆润，如同娃娃般的唇形，常给人可爱和甜美的感觉。

七是丘比特嘴唇（翘唇或 M 字唇）。唇珠比较突出，上唇的上边缘和下唇的下边缘呈现出 M 字的形状，有十分明显的弧度。

八是宽大型唇。嘴唇形状十分圆润饱满，如果拥有唇珠，会显得更加性感。

九是花瓣唇。适合人中较长、嘴唇较薄的人群，能给人一种甜美的印象。

另外，还有小圆唇、微笑唇、饱满厚唇、超模唇（锐角唇）、桃花唇（樱桃唇）、下垂唇等多种类型。

每个人的唇形都是独一无二的，且可能并不完全符合上述分类。这些分类主要是为了更好地描述和理解不同的唇形特征。如果需要调整唇形，可以通过化妆技巧、面部锻炼来实现。

（2）大嘴唇与小嘴唇的变换。

在了解了自己的唇形后，确定要将其调整为其他唇形时，需要先对比两种唇形的大小，再通过唇妆进行调整。特别是对于想要将大嘴唇调整为小嘴唇的人来说，这一点尤为关键。首先，使用遮瑕膏或者粉底轻轻打底，遮盖原有的唇色和唇线。接着，用唇线笔勾勒出比原有唇形稍小的轮廓，再使用同色系的唇膏填充内部。注意，唇线的勾勒要自然流畅，避免过于生硬。

相反，如果你希望将小嘴唇变为大嘴唇，可以尝试使用唇线笔在原有唇线外稍微扩展一些，然后再使用唇膏填充。为了使效果更自然，可以在唇膏的选择上使用带有微光效果的产品，来增加唇部的立体感和饱满度。

大嘴唇的魅力在于其独特的张扬和个性，而小嘴唇的精致则让人心生怜爱。然而，嘴型并非一成不变，通过化妆技巧或者唇部肌肉的锻炼，我们可以实现大嘴与小嘴之间一时的转换。

（3）上扬嘴唇与下垂嘴唇的微调。

对于上扬嘴的打造，除了通过化妆技巧，日常的习惯和锻炼也很重要。例如，经常保持微笑的习惯，不仅可以锻炼唇部肌肉，还能让心情更加愉悦。在化妆时，可以用高光粉在嘴角处轻轻扫上一些，营造出自然上扬的效果。

而下垂嘴的改善则需要更多的耐心和细心。一方面，化妆时可以用深色遮瑕膏在嘴角下方稍作修饰，减轻下垂感。同时，选择带有提亮效果的唇膏或者唇彩，也能在一定程度上提升嘴角的亮度，使其看起来更加饱满和有型。另一方面，可以尝试通过面部按摩和唇部运动来锻炼唇部肌肉，提升嘴角的位置。

除了直观的视觉改变，唇形的调整会对一个人的心理状态产生积极的影响。当你通过化妆或锻炼改变了自己的唇形后，往往会感到更加自信和愉悦。这种积极的心态又会反过来影响你的面部表情和气质，从而形成一个良性循环。

虽然唇形的调整对气质的打造益处多多，但在实际操作中要特别注意两点：一是要避免过度化妆或使用不合适的化妆品，以免对唇部皮肤造成损伤或过敏；二是唇部肌肉的锻炼需要循序渐进，要避免用力过猛或不当操作导致的肌肉疲劳或受伤。

综上所述，唇形的调整不仅仅是一种化妆技巧或外在形象的改变，也是一种自我表达和个性展现的方式。通过掌握唇形调整的方法，我们可以更好地展现自己的魅力和气质，从而用最美的笑容迎接每一个美好的瞬间。

3. 颜色选择：打开魅力调色板

你是否曾站在琳琅满目的口红专柜前，面对五花八门的色号，心中涌动着无尽的好奇与困惑？是否曾在无数个早晨，手持口红，却对今天该涂哪一款颜色犹豫不决？别担心，现在就带你走进唇妆色彩的世界，为你揭示如何根据个人肤色、气质、场合等因素，精准挑选出最能凸显你独特魅力的唇色。

（1）认识你的肤色。

色彩选择的第一步，就是了解自己的肤色基调——冷调还是暖调。如果是冷调肤色，适合冷色系或中性色系唇膏，如樱桃红、莓果紫、玫瑰粉、裸棕色等。这些颜色能与你的肤色形成和谐统一，并为你增添高贵冷艳或清新脱俗的气质。如果是暖调肤色，则适合暖色系或中性色系唇膏，如珊瑚橙、蜜桃粉、砖红色、豆沙色等。这些颜色与你的肤色相辅相成，能赋予你热情活力或温婉优雅的气息。

（2）匹配你的气质。

如果你是那种自带阳光、活力四射的类型，不妨尝试鲜艳亮丽的唇色，如正红色、亮橘色、亮粉色等。它们犹如你的个性标签，会瞬间点亮整个妆容，让你成为人群中的焦点。如果你更偏向于内敛、优雅的气质，那么柔和的粉色系、裸色系、豆沙色等将是你的最佳拍档。它们能巧妙地衬托你的知性美，使你在低调中散发出迷人的韵味。如果你希望展现独立、自信的一面，深红色、酒红色、梅子色等浓郁且带有神秘感的唇色无疑是绝佳选择。

（3）应对不同场合。

日常妆容追求自然舒适，可以选择与自己唇色相近或略深一度的裸色、豆沙色、浅珊瑚色等。这些颜色既能提气色，又不会过于张扬，非常适合职场或学习环境。

约会或朋友聚会时，可以适当增加唇色的饱和度和亮度，如甜蜜的桃粉色、娇嫩的樱花粉、浪漫的玫瑰红等，既显亲和力，又能增添女性魅力。

在正式的晚宴或派对场合，你需要一款能压得住场的唇色。深红色、酒红色、金属光泽的唇膏都是不错的选择，它们不仅能提升整体妆容的华丽感，还能彰显你的成熟韵味与高级品位。

（4）实操小技巧。

购买唇膏前，务必在手背或唇部试色。记住，唇膏在手臂上的颜色可能与实际涂在嘴唇上的效果有所不同。最好能在自然光下观察，以确保颜色的真实性。

不同质地（哑光、缎光、金属、珠光等）和色系的唇膏可以相互搭配，创造出更多元化的妆效。例如，先用裸色唇线笔勾勒唇形，再涂上鲜艳的唇膏，既能提升唇妆持久度，又能使唇色更加饱满立体。

唇色应与服装颜色、整体妆容风格保持协调。暖色调服装搭配暖色系唇膏，冷色调服装搭配冷色系唇膏，同色系搭配往往能带来视觉上的和谐统一。此外，眼妆与唇妆也可形成深浅对比，如烟熏眼妆配浅色唇膏，淡雅眼妆搭鲜艳唇色。

选择唇妆颜色并非难事，其关键在于理解自己的肤色、气质与需求，同时应掌握一定的色彩搭配技巧。愿每一位爱美女士都能在唇色的海洋中找到属于自己的那一抹亮色，并让她们的每一次微笑都能成为他人眼中无法忽视的美丽风景。

4. 唇妆技巧：点亮整体妆容

在每一个微笑、每一个转身之间，唇妆往往是整个妆容的点睛之笔。它不仅能为你的面容增添色彩，更是你个性和风格的直接体现。那么，如何从专业的角度，打造出令人惊艳的唇妆呢?

（1）完美的底妆是妆容的基石。

底妆就像是给画作铺上的第一层画布，需要确保它是平整无瑕的。对于唇妆来说，这个“画布”就是我们的唇部！想象一下，如果唇部干燥、有死皮，那涂上的唇膏岂不是像抹在沙漠上一样，效果大打折扣？因此，每次化妆前，最好给唇部“洗个澡”，用专用的去角质产品轻轻一抹，死皮就会被去除。接下来，再用润唇膏给唇部打底，形成一层滋润的薄膜。

这样不仅能锁住水分，还能让后续的唇膏上色更加均匀、持久。

（2）精准勾画唇线，让唇妆更出彩。

说到唇线笔，不得不说，它简直就是唇妆的“导航仪”。每次涂抹唇膏前，先用唇线笔轻轻勾勒出唇形。这样不仅能让唇膏更服帖，还能防止唇膏“跑偏”，可谓一举两得！选择唇线笔时，要挑一个和唇膏颜色相近或者略深一点的色号，这样勾勒出来的唇线既自然又立体。再就是，画唇线的时候不能太用力，轻轻描绘就好，然后再稍稍晕染一下，这样就能保持一个自然的过渡。

（3）层次着色，让唇妆更动人。

涂抹唇膏可不是随便一抹就完事了的。要想唇妆看起来更加专业、有层次感，着色可是个技术活。专业的化妆师们都知道，唇妆往往需要多层着色才能达到理想效果。他们会先用唇刷蘸取适量唇膏，从唇中央优雅地向两侧滑动，就像是在画布上作画一样，确保每一部分都均匀覆盖上美丽的色彩。接着，他们会巧妙地用纸巾轻轻按压唇部，去除多余的油脂，这样不仅能提升唇妆的持久度，还能让色彩更加鲜艳。最后，再涂抹一层唇膏，让色彩更加饱满、更加动人。这样的着色技巧，可以让唇妆更加有层次感，更加吸引人。

（4）高光与阴影，立体唇妆轻松拿捏。

如何才能让唇部更加立体呢？很简单，靠高光与阴影的巧妙运用！在唇峰和唇中央涂抹上少许高光产品，瞬间就能增加唇部的丰满感，仿佛给唇部注入了活力与光彩。而在唇周轻轻扫上一些阴影粉，则能让唇部更加突出，使其与面部的其他部分形成鲜明的对比。这样一来，你的唇部就会变得更加立体、更加迷人！

（5）定妆与修饰，完美唇妆的最后一步。

唇妆完成了，但别忘了最后一步——定妆与修饰。为了确保唇妆具有持久的魅力，使用定妆粉轻轻拍在唇部是必不可少的。这一步能固定颜色，让你的唇妆更加持久。如果发现唇膏有轻微的不均匀或出界，使用遮瑕膏进行修饰就能轻松解决问题。这样一来，你的唇妆就会更加完美无瑕。

化妆，不仅是一种技巧，更是一种自我表达的艺术。如果你能熟练地按上面的方法操作，那恭喜你，你已经成了一个掌握专业级唇妆技巧的化妆达人了。

5. 唇妆与整体妆容的搭配

唇妆作为面部妆容的重要组成部分，其色彩、质地、形状与整体妆容的搭配至关重要，且直接影响着妆容的整体风格、协调性与美感。

那如何在冷暖交错、明暗交织、刚柔并济中寻找平衡与和谐，从而打造出独一无二、摄人心魄的妆容呢？

（1）色彩协调。

色彩是妆容的灵魂，它无声地诉说着情绪、风格与个性。在整体妆容的构建中，唇妆色彩的选取与搭配尤为重要，它犹如点睛之笔，赋予了妆容鲜明的个性与生动的情感表达。

①把握对比与调和原则：在色彩协调时，应遵循色彩理论中的对比与调和原则。对比原则是指通过选择具有显著差异的颜色进行搭配，以创造视觉上的冲突、动态感和视觉焦点，使作品或妆容更具活力、个性和视觉冲击力。调和原则是指选择具有相似属性或相互关联的颜色进行搭配，以营造和谐、宁静、统一的视觉效果，使观者感觉舒适、自然。

②肤色考虑：选择与肤色相衬的唇色。暖肤色者适宜暖色系唇膏（如橙红、珊瑚色），冷肤色者适合冷色系唇膏（如玫红、紫红），中性肤色则两者皆宜，可根据妆容主题灵活选择。深肤色可选用鲜艳或饱和度高的唇色以提亮面部；浅肤色则适合柔和或淡雅的唇色，以避免过于抢眼导致妆容失衡。

③冷暖色调：确定整体妆容的色调倾向，如暖色调妆容（金棕色、桃红色）搭配暖色系唇膏（珊瑚色、砖红色），冷色调妆容（灰蓝色、紫罗兰）搭配冷色系唇膏（梅子色、莓红色）。保持色调的一致有助于提升妆容的整体感。

（2）质地呼应。

质地，作为妆容的触感语言，不仅影响着妆效的视觉质感，更微妙地传递着妆容的情绪温度与风格态度。唇妆的质地，无论是哑光的低调奢华，还是亮泽的灵动闪耀，都能与眼妆、底妆乃至整体妆容的质地形成巧妙呼应，从而共同塑造出或细腻，或鲜明，或梦幻的妆容意境。

①妆效一致性：唇妆质地应与整体妆容的质感相协调。例如，雾面妆容搭配亚光唇膏以保持妆面统一；光泽感妆容则可选择滋润型唇膏或唇

釉，来增添整体妆容的闪亮元素。

②季节与场合适应：春夏季节或休闲场合，可选择水润、透亮的唇妆质地，以营造清新、活泼的氛围；秋冬季节或正式场合，使用哑光或丝绒质地的唇妆更能体现优雅与庄重。

（3）形状融合。

在整体妆容的构思中，唇妆的形状设计不仅要贴合自身的唇部条件，更要与眼妆、眉形乃至脸型等其他面部特征巧妙融合，来共同构建出或端庄，或俏皮，或妩媚的妆容风格。

①唇形与脸型：唇形应与脸型相协调。例如，圆脸可适当拉长唇形以增加面部立体感；方脸可选择圆润的唇形以柔化棱角；长脸则适宜饱满、横向扩展的唇形，平衡面部比例。

②唇形与妆容风格：自然妆容要求保持唇形本色，只需稍作修饰；复古妆或戏剧妆可夸大唇形特征，如强调唇峰或扩大唇部轮廓，以增强视觉冲击力。

（4）强弱平衡。

在美妆世界里，色彩、线条、质地与光影共同交织成一幅幅生动而细腻的艺术画卷。其中，强弱平衡作为美学法则的重要一环，对于塑造和谐且富有层次感的整体妆容至关重要。在实现强弱平衡时，要特别把握好两点。

①焦点设定：要根据妆容重点，来调整唇妆的醒目程度。当眼部妆容繁复或色彩强烈时，唇妆应相对低调，可以选择裸色或柔和色系，以避免抢夺视线；反之，若眼妆简洁，唇妆可作为亮点，通过选择鲜艳或独特色

系，来提升整体妆容的视觉焦点。

②层次构建：通过唇线笔、唇膏、唇彩的叠加使用，来构建唇妆的层次感，并与眼妆、腮红等其他部分的层次相呼应，使整体妆容更具立体深度。

（5）主题表达。

根据特定场合、节日、流行趋势或个人情感表达，选择符合主题的唇色。如婚礼妆容倾向于浪漫的玫瑰色或优雅的裸粉色；派对妆容可尝试金属光泽或大胆的流行色；职场妆容则宜选择稳重而不失活力的中性色。

总之，唇妆与整体妆容的搭配需综合考虑色彩协调、质地呼应、形状融合、强弱平衡以及主题表达等多个方面，以实现妆容的整体美学价值和个性化表达。在实践过程中，应灵活运用上述原则，根据个体差异、审美偏好及具体情境进行创新与调整，从而打造出既符合美学规律又独具个人特色的完美妆容。

气质解码：不同唇妆的适用场合

在美妆的王国中，唇妆犹如一位无声的讲述者，以其独特的色彩、质地与形状，细腻地诠释着个人的气质与情感。不同的唇妆风格，恰似一个个气质密码，巧妙地对应着各类社交场合的需求与氛围，帮助着爱美人士在不同的生活舞台上，精准表达自我，展现独特魅力。

以下，我们将深入探讨不同唇妆在各类场合中的适用之道，以期为您的美妆之旅提供一份实用且专业的指南。

（1）商务场合：端庄典雅的气质担当。

在商务环境中，妆容需展现出专业、稳重、得体的一面，唇妆的选择应以低调、内敛、优雅为主调。

①色彩选择。以中性色、大地色系为主，如裸色、豆沙色、玫瑰棕色等。这类颜色既不过于张扬，又能有效提亮肤色，增添气色，从而展现出职业女性的知性魅力。

②质地选择。尤荐哑光或半哑光质地，其低调的光泽感更能体现出专业素养与成熟稳重的形象。同时，这类质地通常具有更好的持久度，不易脱妆，能确保全天候保持良好妆容。

③形状塑造。唇形应保持自然，以接近自身唇形为佳，要避免过于夸张的唇线或唇形。唇峰清晰，边缘柔和，要让整体呈现出平和、端庄的

气质。

（2）约会场合：甜美浪漫的情感信使

在浪漫的约会中，妆容应散发出温柔、甜美、女性化的气息，唇妆则是传递这份情感的最佳信使。

①色彩选择。可以选择粉色、珊瑚色、蜜桃色等暖色调，这类颜色能营造出温馨、亲切的氛围。同时，也可以尝试一些带有微微珠光或闪片的唇膏，以增添几分梦幻与浪漫。

②质地选择。滋润型或带光泽感的唇膏、唇釉是约会妆容的首选。它们能为双唇赋予水润、饱满的视觉效果，从而增添亲和力与吸引力。

③形状塑造。可以适当强调唇峰，使之显得更为饱满、立体，增添一丝俏皮与可爱。同时，唇形边缘可以稍加模糊，营造出朦胧、柔美的感觉。

（3）日常休闲：自然舒适的内心释放。

日常生活中，妆容应以自然、舒适、随性为主，唇妆则应与个人气质、心情、穿着相协调，要展现真实、随和的自我。

①色彩选择。日常唇妆色彩的选择非常广泛，可以根据个人肤色、发色、瞳孔色以及当日的心情、服装来决定。裸色、豆沙色、蜜桃色、奶茶色等自然色系，或是与当天穿着色彩相呼应的颜色都是不错的选择。

②质地选择。唇妆的质地应以滋润、轻薄、持久为主，如滋润型唇膏、唇釉或唇彩。这些产品既能保持双唇的水润感，又不会过于厚重，能让人感到舒适自在。

③形状塑造。日常唇妆的唇形应以自然为主，并尽可能保持与自身唇

形一致。可利用唇线笔轻轻勾勒出唇形，但无须刻意夸大或改变唇形，以保持妆容的自然、清新感。

唇妆，作为面部妆容的点睛之笔，其色彩、质地与形状的变化，如同一把神奇的钥匙，能打开通往不同气质与场合的大门。无论是在商务场合展现端庄典雅，还是在约会中传递甜美浪漫，或是在日常生活中流露出自然舒适，只要用心选择与搭配，都能通过唇妆这一小小的窗口，精准诠释个人气质，自信应对各种场合。

第九章
角色与气质

角色，是生活的剧本赋予我们的多样面具，是我们在社会舞台上扮演的多元身份。气质，恰如那贯穿始终的灵魂主线，无论角色如何变换，始终以其独特的韵律，赋予每个角色鲜活的生命力。而两者的紧密相连，共同构建出了我们丰富多彩的个性世界。

1. 气质是一张履历表

气质，这一看似抽象的概念，实际上是一个人内心世界、生活经历和自我修养的综合体现。它不仅仅是一个人的外在表现，更是一张无形的“履历表”，记录着一个人的成长轨迹、价值取向和生活态度。在这张“履历表”上，每一个细节都透露着个人的独特性和生活经历，于是它成了我们了解一个人的重要途径。

（1）气质的内涵：人生的深度与广度。

气质，首先是一种内在的精神风貌，它涵盖了个体的思想观念、情感体验、行为习惯等深层次的人格特质。如同履历表记录了一个人的职业经历、教育背景、技能特长等信息一样，气质则反映了个体的心灵历程、人生观、世界观等精神世界的丰富内容。

①思想观念。一个人的价值取向、道德标准、审美情趣等思想观念，构成了气质的基石。这些观念能通过言行举止、待人接物的方式显现出来，形成他人对其的第一印象。

②情感体验。人生的喜怒哀乐、悲欢离合等情感体验，对气质有着深远影响。经历过风雨洗礼的人，其气质往往更加深沉、豁达；而内心充满爱与善良的人，其气质则洋溢着温暖、亲切。

③行为习惯。长期养成的行为习惯，如言谈举止、待人接物的方式，能逐渐固化为个体的气质特征。良好的行为习惯能提升气质的品质，不良的习惯则可能损害气质。

（2）气质的形成：内外兼修的过程。

气质并非是与生俱来的，而是通过后天的学习、实践、反思等过程逐渐形成的。这个过程就如同填写履历表一样，只有不断积累知识、提升能力、拓宽视野，才能丰富履历的内容，提升自身的价值。

①学习。通过阅读、听课、交流等方式，可以获取知识、开阔眼界，从而培养高尚的情操、独立的思考能力，这是提升气质的基础。正如履历表中的教育背景、培训经历，能展示出一个人的知识储备和学习能力一样，气质也能体现出一个人的自我修养。

②实践。通过工作、生活、旅行等各种实践活动，锻炼意志、增长见识、提升能力，这是气质形成的关键。正如履历表中的工作经验、项目经历，它们见证了一个人的实际能力和成就。

③反思。通过对自身行为、思想、情感的反思，认识自我、修正错误、提升境界，这是气质升华的途径。正如履历表中的自我评价、获奖情况，它们反映了一个人的自我认知和成长轨迹。

（3）气质的力量：赢得认同与尊重。

气质作为一种无形的资本，具有强大的社会影响。一个具有良好气质的人，更容易赢得他人的认同与尊重，获得更多的机会与资源。

①人际交往。气质直接影响着人际关系的建立与发展。一个气质出众的人，往往能给人留下深刻的印象，赢得他人的喜爱与信任，建立起良好

的人脉网络。

②职业发展。在职场上，气质是个人品牌的重要组成部分。一个气质优雅、专业能力强的人，更容易获得领导的认可，得到同事的尊重，取得职业生涯的成功。

③人生幸福。气质还关乎个人的幸福感。一个内心充实、乐观向上的人，其气质往往散发着积极的能量，使人感到快乐、满足，从而提升生活质量。

如上所述，气质就是一张履历表，了解和把握自己的气质特点，对于我们更好地理解自己、规划人生，以及建立良好的人际关系都具有重要意义。因此，我们要珍视这张无形的“履历表”，并通过不断的内外兼修，来提升自己的气质修养。

2.职业定位与气质

在职场的舞台上，每个人都在努力找寻属于自己的角色定位，而职业定位与气质的紧密联系，如同一首和谐的双重奏，共同塑造出鲜明的职场身份。事实上也是如此，一个人的气质，往往决定了他在哪种工作环境中能够如鱼得水，承担哪种职业角色能够使其发挥最大的潜能。

（1）气质是彰显职业身份的隐形标签。

气质，是一个人内在精神风貌的外在表现，它包含了个体的性格特质、行为习惯、思维方式等深层次的人格特质。在职场中，气质如同一张隐形的标签，无声地彰显着个体的职业身份与专业素养。

①性格特质。气质中的性格特质，如自信、坚韧、乐观等，直接影响着个体在职场中的表现。自信的人更容易获得领导的信任，坚韧的人更能承受工作压力，乐观的人更能营造良好的工作氛围。

②行为习惯。气质中的行为习惯，如自律、协作、沟通等，是职场成功的重要因素。自律的人更能保证工作效率，协作的人更能融入团队，沟通的人更能处理复杂的人际关系。

③思维方式。气质中的思维方式，如创新、批判性思维、解决问题的能力等，是职场竞争力的关键。创新的人能为企业带来新的价值，批判性思维的人能发现问题的本质，解决问题的人能为企业解决实际问题。

（2）职业定位与气质相互影响。

职业定位与气质是相互影响、相互塑造的。一方面，职业定位决定了个体在职场中的角色定位、价值取向与发展规划，影响着个体的职业行为与职业素养，进而塑造其气质。另一方面，气质中的性格特质、行为习惯、思维方式等，又会影响个体的职业选择、职业发展与职业成就，并进一步塑造其职业定位。

①职业定位塑造气质。明确的职业定位能引导个体形成与之相符的性格特质、行为习惯、思维方式等，从而塑造出与职业定位相匹配的气质。例如，一个追求专业成就的人，可能会形成自信、坚忍、创新等气质特征。

②气质影响职业定位。气质中的性格特质、行为习惯、思维方式等，

会影响个体的职业选择、职业发展与职业成就，并进一步塑造其职业定位。比如，一个具备自律、协作、沟通等气质特征的人，可能会选择管理岗位，形成管理者的角色定位。

在了解了职业定位与气质之间的关系后，该如何让职业定位与气质相匹配呢？主要有三个策略。

首先，要明确职业定位。

这不只是一个简单的贴标签动作，而是深入了解自己、挖掘潜能的过程。你可以通过自我评估，问问自己：我擅长什么？我对什么有热情？我的价值观是什么？当然，如果你觉得这些问题太难回答，可以找职业咨询师聊聊，他们可是专业的。再者，制定一个明确的职业规划，把自己的目标、路径都写下来，这样你的职业定位就会越来越清晰。

想象一下，你就像是在大海中航行的一艘船，明确职业定位就是那个指引你前进的指南针，让你不会迷失方向。

其次，提升气质。

通过自我修炼、行为训练、思维训练等方式，不断提升气质。比如，多读几本书，让自己更有内涵；学习一些礼仪和社交技巧，让自己在人群中更加得体；锻炼自己的思维方式，让自己更加敏锐和灵活。

再次，融合职业定位与气质。

要学会将自己的职业定位和气质完美地融合在一起。这需要通过职业实践来不断调整和完善。你可能会遇到挫折和困难，但这些都是宝贵的经验。记住，要及时反馈和调整自己的职业规划，让自己的职业身份更加鲜明。

职业定位与气质相互作用、相互影响，共同塑造出职场人士的专业形象与个人魅力。因此，需要深入了解自己的气质特点，并根据这些特点进行有针对性的职业规划和定位。只有明确职业定位，提升气质，才能在职场中脱颖而出，赢得职业成功。

3. 个人身份与气质

在人际交往中，个人身份与气质犹如 DNA 的双螺旋结构，相互交织、相互影响，共同塑造着一个人在自己，以及他人眼中的形象，并一起演绎出人生的丰富内涵与独特风貌。因此，揭示个人身份如何塑造气质，以及气质又是如何影响个人身份的理解与表达，能够让我们更好地理解自我，并打造出一个在他人眼中靓丽的自己。

（1）个人身份影响个人气质的塑造。

个人身份，如同人生的剧本大纲，为我们的角色设定、价值取向、行为模式绘制了清晰的蓝图。它不仅决定了我们在社会舞台上的角色定位，更在潜移默化中塑造着我们的内在精神风貌与外在气质。

①角色定位与个体气质塑造。社会心理学中的角色理论指出，个体在社会中承担特定角色，其行为、态度和情感会受到角色期待的影响。个人身份中的角色定位（如家庭成员、职业人士、社区领袖等）为个体提供了明确的社会角色框架，引导其形成与角色相符的气质特征。例如，教师角

色要求个体具备耐心、亲和力和知识传授能力，久而久之，这些特质便内化为教师的气质特征。

②社会地位影响个体气质塑造。社会分层理论强调，社会地位（如经济地位、教育水平、职业地位等）对个体的行为模式、价值观和生活方式具有显著影响。个人身份中的社会地位决定了个体所处的社会阶层，进而影响其气质的形成。比如，较高社会地位的个体经常表现出更为自信、独立、有主见的气质，而较低社会地位的个体则可能更倾向于谦逊、合作、顺应社会规则。

③社会价值取向与气质的塑造。价值观是个体行为选择和决策的根本导向。个人身份中的社会价值取向，如追求财富、权力、名誉、公益等对气质的形成具有深远影响。例如，追求公益价值的个体可能展现出热心公益、乐于助人、富有社会责任感的气质；而追求财富的个体则可能表现为勤奋进取、精明干练、重视实效的气质。

（2）气质影响对个人身份的理解和表达。

气质中的性格特质、行为习惯、思维方式等，会影响个体的社会选择、社会发展与社会成就，并进一步塑造个体的个人身份。

①性格特质与身份构建。心理学家Allport提出的“人格特质理论”指出，人的性格由一系列稳定的特质构成，这些特质不仅影响个体的心理活动，也指导其行为选择。根据特质的不同组合，个体可能会倾向于选择并胜任某些特定的社会角色，从而塑造个人身份。例如，具有开放性、创新精神的人可能更容易在艺术、学术等领域取得成就，形成“创意者”或“学者”的身份；而具有责任感、纪律性的人可能更擅长在管理、公共服

务等行业发挥优势，形成“领导者”或“公仆”的身份。

②情绪反应与身份表达。个体的情绪反应能力、情绪理解和情绪管理能力对其社会适应和成功至关重要。良好的情绪智力使个体能够恰当地表达情绪，有效地处理人际关系，从而在社会中塑造积极、成熟的个人身份。例如，一个能有效控制愤怒，保持冷静的人，在面对冲突时更可能被视作“理智决策者”或“调解者”；一个能适时表达喜悦，分享快乐的人，则可能被视为“正能量传播者”或“团队氛围营造者”。

③行为习惯与身份认同。特定的行为习惯，如勤奋、自律、合作等，有助于个体在特定社会环境中获得成功，并强化其对该环境及相应身份的认同。例如，长期坚持健身的人，可能更倾向于认同自己是“健康生活倡导者”或“运动爱好者”，并在日常生活中持续展示这一身份。

由此可见，气质通过性格特质、情绪反应、行为习惯等多个层面，深刻影响着个体对个人身份的理解和表达。这些理论为我们理解气质与身份之间的复杂关系提供了理论支撑。

在生活中，每个人都在扮演着独一无二的角色，这个角色就是我们的个人身份。如果说，个人身份是雕塑师手中的刻刀，能精雕细琢出我们的气质特征，那气质就是舞台上的聚光灯，能照亮并强化我们对个人身份的理解与表达。这两者之间，既存在着深刻的内在联系，又相互影响，相互塑造。

4. 角色转换与气质调整

角色转换与气质调整，是人在现实中经常面临的问题，也是个体适应环境、实现自我发展的重要手段。它们彼此关联，互为影响，共同推动着个体在不同情境中展现出适宜且独特的气质风貌。

（1）角色转换与气质需求。

一个人在社会互动中承担着多种角色，如家庭成员、职场人士、朋友等。角色转换意味着个体需要在不同角色间灵活切换，以适应不同情境的需求。每种角色都有其特定的社会期望和行为规范，这些规范对个体的气质提出了不同的要求。例如，作为职场人士可能需要展现出专业、严谨的气质，而作为家庭成员则需要展现出亲和、关怀的气质。

所以，一个人的一些行为并非固定不变，而是随情境变化而调整。角色转换本质上是对新情境的适应过程，这一过程中，个体需要调整自己的气质以符合新角色的要求。例如，从学生转变为职场新人，可能需要从依赖、被动转向独立、主动，在气质上体现出更为成熟、自信的特点。

（2）气质调整与角色适应。

尽管气质在一定程度上具有稳定性，但研究表明，气质并非是完全固定不变的，而是具有一定可塑性的。人们经常会通过观察、模仿、反思和实践等方式，有意识地调整自己的气质。这种调整有助于其更好地适应新角色，提高角色扮演的成功率。

一些心理学家的研究与实践证明，通过心理咨询、心理训练、正念冥想等方式，可以有针对性地调整个体的气质特征，如提高情绪稳定性、增强社交技巧等，从而提升在新角色中的适应能力。

（3）角色转换与气质调整的互动机制。

通常，角色转换往往伴随着一定的压力，如角色冲突、角色模糊等。一个人在面临角色压力时，会不自觉地启动心理防御机制，调整自己的气质以应对压力。例如，面对职场竞争的压力，个体可能会调整自己的气质，变得更具有竞争意识、更善于沟通协作。

在角色转换过程中，个体通过调整气质，会收到周围环境的反馈。积极的反馈，如赞扬、奖励等会强化个体的新角色认同，促进气质的进一步调整。反之，负面的反馈，如批评、惩罚等可能会导致个体对新角色产生抵触，从而妨碍气质的调整。这种反馈机制体现了气质与角色之间的动态互动。

综上所述，角色转换与气质调整是相互关联、相互影响的过程。角色转换要求个体调整气质以适应新角色，而气质的调整又能反过来促进个体更好地适应新角色，实现角色转换的成功。理解这一过程，有助于我们更好地应对生活中的角色挑战，从而实现个人成长与发展。

气质解码：社会角色变了，为什么整个人气质也变了？

在职场中，你时常会注意到一个有趣而引人深思的现象：那些曾经与你并肩作战的同事，一旦晋升至领导岗位，他们的气质似乎会瞬间蜕变，仿佛脱胎换骨。这种转变，远非偶然发生的微妙心理调整，而是角色转变与环境适应相结合的必然产物。

老王在公司已经工作了十多年，一直以来他都是一个和蔼可亲、平易近人的老员工。同事们都喜欢和他聊天，因为他总是乐于分享自己的经验和见解，而且他对待工作也一直认真负责。然而，自从老王被提拔为部门经理后，大家发现他似乎变了一个人。以前那个总是笑眯眯的老王不见了，取而代之的是一位严肃、认真的领导。他的气质发生了变化，让许多同事都感到有些不适应。以前，他总是和同事们打成一片，现在他经常与同事保持一定的距离。

相信，这样的场景你一定很熟悉。老王为什么像变了一个人？是他真的想疏远同事吗？还是他觉得自己现在很厉害，没有必要和下属交往？其实都不是，而是他的新角色“迫使”他对先前的行为做出必要调整。我们可以从三个方面来理解这一调整。

（1）社会角色的定义与期望。社会角色是指个体在社会中所处的位置和所扮演的身份。每个角色都有其特定的行为规范和社会期望。

老王在公司辛勤工作了多年，一直以一个普通员工的身份与同事们和谐共处。然而，当他被提拔为部门经理后，他的社会角色发生了显著的转变。社会角色，简单地说，就是指个体在社会中所处的位置和所扮演的身份。每个角色都伴随着一套特定的行为规范和社会期望。对于老王来说，这一晋升意味着他需要从一个执行者转变为一个决策者，从一个团队成员转变为一个团队的引领者。而与此随之而来的是新的行为规范和社会期望。

（2）领导角色的行为规范。领导角色通常被赋予更高的权威和责任。这一角色的行为规范要求领导者展现出决断、自信、稳重和领导力等特质。为了满足这些社会期望，个体需要调整自己的行为和气质，以符合新的角色定位。

担任领导后，老王很快意识到领导角色所带来的不同。领导角色不仅仅是一个头衔，它通常被赋予更高的权威和责任。为了胜任这一角色，老王知道他需要展现出决断、自信、稳重以及卓越的领导力。这些特质并非是一蹴而就的，而是需要通过日常的行为和决策来逐渐塑造和巩固的。为了满足这些新的社会期望，老王开始有意识地调整自己的行为和态度，甚至是他的气质，以确保自己能够符合这一新的角色定位。

（3）角色认同与自我调整。当个体认同自己的领导角色时，他们会自觉地按照领导角色的行为规范来要求自己，这种自我调整的过程往往伴随着气质的变化。

在这个案例中，老王期盼别人认同自己作为领导的角色，因此他开始模仿和学习其他成功领导者的行为和态度。这种自我调整的过程是自然而然的，而且往往伴随着气质的变化。于是，他逐渐地从一个和蔼可亲的同事转变为一个威严且富有决断力的领导者。同事们也逐渐适应并接受这一变化，认识到老王已经不再是那个可以随意开玩笑的老王。

老王的例子生动地展示了社会角色转变对个体气质和行为的影响。当他从员工晋升为领导时，他不仅需要适应新的行为规范和社会期望，还需要对自己的气质和态度进行深刻的调整。这一过程是角色认同与自我调整的完美结合，也是个体在社会化过程中的一种自然反应。老王的转变，虽然让一些同事感到不适，但也为他赢得了更多的尊重和信任，使他能够更好地履行自己的领导职责。

第十章
情绪与气质

情绪，如潮起潮落的心海，起伏间牵动着我们的喜怒哀乐，描绘着我们的生活色彩。气质，恰如那驾驭情绪的航船，无论浪涛如何汹涌，始终以其稳健的姿态，引领着我们驶向内心的宁静港湾。它们相互影响，共同塑造着我们的个性和行为方式。

1. 情绪的类别

对情绪进行分类，可以为心理学研究提供核心的分析框架。情绪可以从多个维度进行划分，即分析的视角、维度不同，得到的分类也不同。其中，常见的分类维度包括基本情绪、复合情绪、情绪的状态，以及情绪的理论分类。通过这类的分类，就可以全面、详细地剖析情绪。

（1）基本情绪。

基本情绪是人与动物共有的，不学而会的情绪。这些情绪具有原始性和普遍性，通常被认为是人类天生的、基本的情感反应。基本情绪的种类有多种划分方式，如普拉切克把基本情绪归纳为恐惧、惊讶、悲伤、厌恶、愤怒、期待、快乐、信任 8 类；而伊扎德则通过因素分析法分为兴趣、惊奇、痛苦、厌恶、愉快、愤怒、恐惧、悲伤、害羞、轻蔑、自罪感 11 类。这些基本情绪是人类情感反应的基础，它们不仅可以单独出现，也可以组合出现，形成更复杂的情绪体验。

（2）复合情绪。

复合情绪是由基本情绪的不同组合而产生的。这些情绪更为复杂，通常包含多种基本情绪的成分。例如，焦虑可能包含恐惧和期待，而悔恨则可能包含悲伤和愤怒。复合情绪反映了人类情感的多样性和复杂性，它们在日常生活中经常出现，并对人们的心理和行为产生重要影响。

（3）情绪状态。

情绪状态可以分为心境、激情和应激三种。

心境是一种微弱而持久的情绪状态，它能使人的整个精神活动都染上某种色彩。心境具有感染性，可以影响一个人的行为和认知。例如，当一个人处于愉快的心境时，他可能会更加乐观和积极地看待事物；而当处于沮丧的心境时，则可能会对周围的一切都感到消极和悲观。

激情是一种强烈而短暂的情绪状态。当个体处于激情状态时，他们可能会失去理智，无法控制自己的行为。激情通常是由强烈的刺激或突发事件引起的，如愤怒、狂喜、惊恐等。

应激是在出乎意料的紧急情况下所引起的高速而高度紧张的情绪状态。在应激状态下，个体会感受到超乎寻常的压力，并会充分调动体内的各种资源去应对紧急、重大的事变。应激反应通常包括戒备反应阶段、对抗阶段和衰竭阶段。虽然适度的应激反应可以帮助个体应对挑战，但长期的应激状态则可能会对身心造成害。

（4）情绪的理论分类。

情绪的理论分类主要依据不同的情绪理论来划分。例如，詹姆斯－兰格理论认为情绪是自主神经系统活动的产物，即情绪刺激引起生理反应，而生理反应进一步导致情绪体验的产生；坎农－巴德学说则认为情绪的中心不在外周神经系统，而在中枢神经系统的丘脑；阿诺德的评定－兴奋说则认为刺激的出现并不直接决定情绪的性质，而是要经过大脑对刺激进行估量和评价后才能产生情绪体验。这些理论为情绪的分类提供了不同的视角和解释框架。

综上所述，情绪的基本类别可以从多个维度进行划分和理解。这些分类方式不仅有助于我们更好地理解和管理自己的情绪，还有助于我们更深入地了解人类的心理和行为。

2. 情绪的产生机制

我们知道，情绪是内心的一种感受和反应，包括喜悦、悲伤、愤怒等基本情绪，以及惊讶、厌恶等复杂情绪。情绪的产生机制涉及生理、心理以及环境交互等多个层面，是神经科学、心理学、社会学等多学科交叉研究的焦点。

（1）情绪产生的生理基础。

情绪的产生并非是虚无缥缈的精神现象，而是深深植根于生理基础之上。从神经递质的瞬息涌动，到自主神经系统的敏锐响应，再到内分泌系统的微妙调控，无不揭示出情绪与生物机体之间密不可分的联结。

①自主神经系统（ANS）与内分泌系统。情绪的产生首先涉及生理层面的反应，由自主神经系统（包括交感神经系统和副交感神经系统）和内分泌系统（如垂体—肾上腺轴）介导。当个体面对刺激时，ANS 启动快速的生理调整，如心率加快、血压升高（交感神经激活），或者消化减慢、瞳孔缩小（副交感神经激活）。同时，内分泌系统释放激素，如肾上腺素、

皮质醇等，进一步调节生理状态以应对情绪诱发的情境。

②脑区活动。大脑在情绪产生中扮演着核心角色，特别是边缘系统（包括杏仁核、海马体、前扣带回、下丘脑等）和前额叶皮层。杏仁核作为情绪处理的“警报系统”，能快速识别潜在威胁并触发防御反应。海马体参与情绪记忆的编码与提取，影响情绪的背景化和情境化。前扣带回和前额叶皮层则负责情绪的调控、评价和表达。

③神经递质与神经肽。特定神经递质如5-羟色胺、多巴胺、去甲肾上腺素及神经肽，如内啡肽、催产素等，在情绪产生中起着关键作用。它们参与调节情绪反应的强度、持续时间以及个体对情绪的感知。

（2）情绪与认知过程。

探究情绪与认知过程的关系，即是揭示思维如何染上情感的色彩，又是理解情绪如何借由认知的棱镜得以解读和表达。这一探索之旅将引领我们步入意识的深处，剖析情绪如何影响我们的注意力分配、记忆编码、决策制定以及问题解决等。

①认知评价。Lazarus的认知—动机—评价理论（CME）指出，情绪产生于对环境事件的认知评价。个体通过认知加工，判断事件的意义、个人相关性、潜在后果等，进而决定情绪反应的性质和强度。这种评判过程受到个体信念、期望、价值观等主观因素的影响。

②情境解释与归因。两因素理论强调，生理唤醒需要结合情境线索和认知解释来确定具体情绪。个体会根据当前情境和自我感知，对生理反应进行归因，如将心跳加速解释为恐惧而非兴奋。

③注意与记忆。注意的选择性决定了哪些信息进入意识，并可能引发

情绪反应。记忆则提供了过去经验的参照框架，从而影响对当前情境的认知评价。

（3）情绪与社会、环境因素。

情绪并非孤立于个体内心的私密涟漪，而是深深嵌入社会脉络与环境经纬之中，与之共舞、共振。它如同一面镜子，映照出人际互动的微妙张力，社会规范的无形约束，以及环境变迁的细腻触动。

①社会互动与文化。社会交往中他人的情绪表达、社会规范、文化背景等都会影响个体的情绪体验。例如，社会比较理论指出，个体通过与他人比较来评估自身地位，从而产生相应的情绪（如羡慕、嫉妒、自豪等）。文化差异会影响情绪的表达规则、认可的情绪种类以及情绪调节策略。

②环境刺激。物理环境（如光线、色彩、声音、气味等）和心理环境（如压力、安全感、人际关系等）均能直接或间接诱发情绪。例如，研究发现自然环境可以降低心理压力，引发积极情绪。

综上所述，情绪的产生机制是一个复杂的过程，涉及生理反应、认知评价、社会互动以及环境因素的交互作用。这些理论为我们理解情绪的多元性、动态性，以及个体差异性提供了深入的科学依据。

3.气质与情绪表达

气质与情绪表达是人类心理与行为中两个不可或缺的方面。气质作为个体固有的、稳定的心理特质，在很大程度上决定了情绪的表达方式和风格；情绪表达则是情感交流的重要手段，能够传递个体的内心状态和情感需求。

特别是在人际交往中，气质与情绪共同构成了个体独特的情感交流风格。不同气质类型的人在情绪表达上有着不同的特点和方式，这使得他们在人际交往中能够形成独特且易于辨识的风格。这种风格对于他人理解和回应个体的情感需求具有重要意义。因此，深入探究气质与情绪表达的关系，对于理解人类情感交流机制、提升人际交往能力具有重要意义。

那气质与情绪表达之间究竟有怎样的内在关系呢?

（1）气质类型决定情绪表达方式。

气质不仅仅是影响情绪表达的一个因素，它在很大程度上还决定了我们情绪表达的基本方式和风格。每一种气质类型都有其独特的情绪表达倾向和特点。胆汁质的人，他们的情绪表达中常常带有一种冲动和激烈的特质，这使得他们在愤怒或激动时更容易以一种直接、有力的方式表现出来。这种表达方式与他们性格中的直率和果断特点相吻合。而多血质的人，则更倾向于以一种热情、活泼的方式来表达自己的情绪。他们的情绪表达中充满了活力和乐观，这与他们性格中的开朗和善于交际的特点相一致。这些不同的情绪表达方式，都是气质类型对我们情绪表达的深刻塑造和决定作用的体现。

（2）情绪表达会影响气质的表现。

情绪表达是个体与外界进行情感交流的重要方式，通过情绪表达，个体可以传递自己的情感状态和需求，进而影响他人的认知和行为。在情绪表达的过程中，个体可能会根据自己的气质特点选择适当的表达方式，这种选择过程也会对气质的表现产生影响。例如，一个内向、抑郁质的人可能更倾向于通过微妙的面部表情和肢体语言来表达情绪，而这种表达方式则会进一步强化其内向、敏感的气质特点。

（3）气质影响情绪调节能力与方式。

不同气质类型的人在情绪调节上有着不同的能力和策略。一些气质类型的人可能更容易调节自己的情绪，而另一些气质类型的人则可能更容易受到情绪的影响。这种差异也会影响个体的情绪表达方式。例如，黏液质的人由于具有较好的情绪稳定性，他们在面对压力或挫折时可能更能够保持冷静、理智地表达；而胆汁质的人由于情绪波动较大，他们在情绪激动时可能更容易采取冲动、激烈的表达方式。

（4）情绪表达与气质会逐渐趋于协调。

情绪表达与个人气质的协调，是个人心理成熟与自我整合的重要标志。随着时间的推移和生活经验的积累，一个人的情绪表达方式会逐渐与其内在气质特征相融合，从而形成一种独特的、与自我身份相符的情绪风格。这种协调的一个重要表现是情绪基调与气质类型的契合。情绪基调，即个体在大多数情境中所呈现出的主导情绪色彩，如乐观、悲观、冷静、热情等，会逐渐与个人的气质类型（如多血质、抑郁质、黏液质、胆汁质等）相契合。例如，一个天生乐观、积极的人，其情绪基调往往与多血质的活泼开朗气质相吻合，在情绪表达中充满活力和朝气。一个内向、敏感的人，其情绪基调则可能与抑郁质的内敛、深思熟虑气质相匹配，在情绪表达中会透露出细腻和深沉。

每个人的气质独特且多样，它不仅塑造了我们的个性和行为方式，更在无形中影响着我们的情绪表达。探究气质如何影响我们的情绪表达，不仅能够帮助我们更好地理解自我，也有助于我们逐渐形成符合自己气质、文化背景的情绪表达方式。

4. 常见的10张情绪面孔

每个人都有一张独特的情绪面孔，它如同一个窗口，透过它我们可以看到一个人的内心世界。不同的气质类型，使得这些面孔在表达情绪时呈现出截然不同的风貌。下面，我们将逐一描绘这十张常见的情绪面孔，并深入解析其背后的气质特质。

（1）快乐的面孔。

面部表现：嘴角上扬，眼睛眯成一条线，面部肌肉放松，有时甚至伴随着笑声。

气质解析：这种面孔多见于多血质和胆汁质的人。他们天性乐观、热情，容易感受到生活的美好。他们的快乐情绪感染力极强，并能够迅速传播给周围的人，给人们带来轻松愉快的氛围。

（2）悲伤的面孔。

面部表现：眉头紧锁，眼角下垂，嘴角向下，面部肌肉紧绷。

气质解析：黏液质或抑郁质的人更容易流露出这种面孔。他们对情感的体验深刻而持久，当遭遇不幸或失落时，悲伤情绪会长时间笼罩他们的心灵。

（3）愤怒的面孔。

面部表现：眉头紧皱，双眼瞪大，面部肌肉紧张，有时甚至伴随着怒吼或摔东西的行为。

气质解析：胆汁质的人在遭遇不公或受挫时，容易展现出愤怒的面孔。他们的情绪表达直接且强烈，不善于掩饰自己的不满和愤怒。

（4）惊讶的面孔。

面部表现：眼睛瞪大，嘴巴微张，有时甚至会用手捂住嘴巴。

气质解析：多血质的人对新奇事物充满好奇，当遇到出乎意料的情况时，他们会通过惊讶的面孔来表达内心的震撼和好奇。

（5）恐惧的面孔。

面部表现：眼睛瞪大，瞳孔收缩，面色苍白，有时甚至会浑身颤抖。

气质解析：抑郁质的人对未知和不确定的事物有着天生的担忧和恐惧。在面对潜在的危险或不确定的情境时，他们无法掩饰内心的恐惧和不安。

（6）厌恶的面孔。

面部表现：鼻子微翘，嘴角向下，有时会用手捏住鼻子或别过头去。

气质解析：胆汁质的人在面对自己不喜欢或无法接受的事物时，会通过厌恶的面孔来表达内心的反感和排斥。他们的情绪表达直接且果断，不善于妥协和容忍。

（7）羞涩的面孔。

面部表现：面颊泛红，眼神闪烁，低头不语，有时会用手摆弄衣角或头发。

气质解析：黏液质的人在初次接触陌生人或新环境时，可能会表现出羞涩的面孔。他们性格内向、稳重，需要时间来适应和熟悉新环境，同时也不善于直接表达内心的感受。

（8）焦虑的面孔。

面部表现：眉头紧锁，眼神不安，面部肌肉紧绷，有时会频繁地搓手或咬指甲。

气质解析：抑郁质或多血质的人在面临压力或紧张情境时，可能会展现出焦虑的面孔。他们内心敏感，且对结果过度担忧，从而会导致情绪紧张不安。这种面孔反映了他们内心的挣扎和不安。

（9）平静的面孔。

面部表现：面部肌肉放松，眼神平静，呼吸匀称，有时会微微点头或微笑。

气质解析：黏液质的人通常表现出平静的面孔，他们性格稳重、沉着，不易受外界干扰。即使在压力下，他们也能保持冷静和理智，通过平静的面孔来展现内心的坚定和从容。

（10）兴奋的面孔。

面部表现：眼睛放光，面颊红润，嘴角上扬，有时会挥舞手臂或跳跃。

气质解析：胆汁质或多血质的人在追求目标或实现梦想的过程中，容易展现出兴奋的面孔。他们对生活充满激情和活力，善于通过兴奋的面孔来表达内心的喜悦和期待。这种面孔反映了他们对生活的热爱和对未来的憧憬。

情绪面孔是我们内心情感的外在表现，不同的气质类型使得这些面孔呈现出了丰富多彩的风貌。通过观察和分析这些面孔的具体表现和细节，我们可以更加深入地了解他人的情感和内心世界，进而促进彼此之间的沟通和理解。

气质解码：如何快速洞察他人的真实情绪？

我们经常听到这句话“要做自己情绪的主人”，可对于自己的情绪，我们又了解多少呢？情绪是很多面的，它往往很有欺骗性，甚至连我们自己都被骗过去了，识别不清它的真实面孔。

的确，在人际交往中，人们有时会出于各种原因对情绪进行伪装，而识别这些伪装背后的真实情绪，对于建立深度理解与有效沟通至关重要。那如何精准地识别出对方是真的有情绪，还是在“耍”情绪呢？现在就教你几个妙招。

（1）分析气质与情境的匹配度。

情境适应理论认为，个体在不同情境中会展现出与情境相适应的气质特征。当个体情绪表达与其所在情境不匹配时，可能表明情绪被刻意修饰或隐藏。

根据该理论，评估一个人在特定情境中的情绪表达是否与其气质类型，以及情境要求相一致，大体可以判断其情绪是真是假。例如，一个通常冷静、理智的黏液质领导者，在面临危机时突然变得情绪失控，这可能是其真实情绪的流露；反之，如果在同样情境下仍保持异常的冷静，可能是在掩饰内心的紧张与担忧。

（2）关注气质与行为的协调性。

行为一致性原则指出，个体的情绪、认知和行为应保持内在一致。当情绪伪装发生时，这种一致性可能会被打破。

当我们观察一个人时，可以看他的情绪表达与其行为、言语是否协调。例如，一个人声称自己很开心，但其肢体语言（如紧握的拳头、僵硬的笑容）和语调（如平淡无波、缺乏抑扬顿挫）却显示出压抑或紧张，这可能是其真实情绪的泄露。

（3）通过气质稳定性检验情绪真实性。

气质具有相对稳定性，即使在情绪波动时，其基本特征也不会发生根本改变。若情绪表达与个体一贯的气质特征严重偏离，可能是情绪伪装的迹象。因此，对比个体在不同时间和情境下的情绪表达，看是否存在显著变化，借以判断其真实的情绪状态。例如，一个平时乐观开朗的人，若在一段时间内持续表现出悲观、消极，且无明显外界压力源，这就可能是在掩盖内心的困扰或痛苦。

（4）借助气质访谈与心理测验。

专业的气质访谈与心理测验，如艾森克人格问卷（EPQ）、大五人格量表等，能从多个维度评估个体的气质特征，有助于我们识别情绪伪装。

在适当的情况下，可邀请个体参与气质访谈或完成心理测验，通过对比他的自我报告的情绪状态与测验结果，识别其是否存在情绪伪装。同时，专业的心理评估也能为后续的情绪辅导与干预提供依据。

透过伪装认清他人的真实情绪，需要从气质角度出发，综合运用理解气质与情绪表达的关系、分析气质与情境的匹配度、关注气质与行为的协调性、利用气质稳定性检验情绪真实性，以及借助气质访谈与心理测验等方法。这些方法以气质心理学理论为支撑，目的是帮助我们在复杂的人际交往中，更精准地洞察他人情绪，从而促进彼此之间更深入的理解与有效的沟通。

第十一章
修养与气质

一个人的修养，不仅体现在他的言谈举止中，更深深烙印在他的气质里。良好的修养能够雕琢和升华气质，使人变得更加优雅、从容。因此，可以说，“修养，是内在精神世界的沉淀，是人格魅力的基石”，它如春雨般滋润着气质的土壤，使其绽放出独特的芬芳。

1. 变美不能靠简单地模仿

在当今社会，个体对外表的关注与美化意愿日益高涨，人们渴望通过各种手段提升自身魅力。然而，误解往往滋生于片面的认知：有人误以为仅凭复制他人外貌特征或行为模式，即可轻易实现美丽蜕变。殊不知，这样的观念偏离了美的真谛，忽视了内在气质、个性，以及独特魅力在塑造美丽中的决定性作用。

即便你通过装扮或手术获得了与某个人相似的外貌特征，或是通过模仿快速地建立了一些与某人相似的行为习惯，但你却无法复制对方的行为方式、言谈举止等背后的内在因素，这些因素也是构成美丽的关键。用一句话总结，就是“变美不能靠模仿”。

首先，美是一种主观概念，每个人对美的定义和追求都不一样。例如，一个人可能认为某个明星很美，但是对于另一个人来说，这个明星可能并不符合他的审美标准。因此，简单地模仿别人的“美丽”并不一定适用于每个人。

其次，美是一种综合的体验。美丽不仅仅是外表的体现，还包括内在的气质、姿态、言谈举止等多个方面。因此，简单地模仿别人并不一定能带来真正的美感。

再次，每个人都是独一无二的。即使你想模仿别人，也很难做到一模一样。就像你去看画展，看到了一幅非常喜欢的画作，即使之后你在家里挂上了一幅跟它一模一样，但不是原作者所作的画，你也会发现它们之间有着微妙的差异，一些原画作有的东西，仿品模仿不出来。

另外，美是一种个性化的表达。每个人都有自己的个性和特点，这些独特的元素也是构成个人美丽的重要组成部分。因此，如果只是简单地模仿别人，就只可能是徒有虚表，别人的个性和特点是模仿不出来的，还有可能会失去自己的个性和特点，也就难以真正展现出自己的美丽之处。

当然了，变美不仅仅是外表的问题，更重要的是内在的修养和气质。一个人的外表再美丽，如果内心空虚、缺乏自信和自尊心，那么也无法真正地吸引他人的目光。因此，我们需要不断地提升自己的内在修养和气质，培养自己的自信心和自尊心，这样才能真正地成为一个美丽的人。

美商高的人就像是天生的艺术家，他们能够将自己的个性和特点展现出来，从而让人感受到他们的独特之美。例如有些明星，他们的相貌可能并不是最出众的，但他们却通过自己的个性、表演风格等吸引了大量的粉丝。

有一个女孩，她对自己的外表不自信，觉得自己不够漂亮。于是，她不断在社交媒体上寻找美女的照片，试图模仿她们的妆容和穿衣风格。因为她相信，如果她也能像她们一样穿衣打扮，一定也会变美。她在研究别人穿衣风格的同时，还学习她们的妆容技巧，甚至连她们的发型也模仿得惟妙惟肖。她以为这样就可以让自己变美，结果，最后却把自己扮成了一个不伦不类的“怪物”——妆容像是被小丑扔进了颜料桶里，衣服像是一件不合身的马甲。

后来，她参加了一个时尚课程，学会了如何从内到外地展现自己的美丽。她开始关注健康饮食，开始注重锻炼身体，以及培养自己的兴趣爱好。同时，她也学会了如何根据自己的气质和个性来选择适合自己的服装与妆容。慢慢地，她成了一个充满自信、独特而美丽的女孩。在这个过程中，她渐渐明白，变美不是靠简单地模仿，而是要找到适合自己的方式。每个人都有自己独特的一面，只有通过发掘自己的个性特点，才能真正展现出自己的美丽之处。

当然，并不是说我们不能从别人身上学习，适度地模仿，可以让我们从别人身上获得灵感，但一定要保留自己的个性与特点，这样才能在模仿别人的同时，展现自己独特的美。这个世界上，没有两片一模一样的树叶，也没有两个一模一样的人，每个人都有一副与众不同的面孔，都有自己的个性与特点，即使模仿别人，也不能丢掉自己的个性和特点，才能让我们时刻绽放自己独特的美。

所以，变美并非简单模仿他人的外貌或风格，而是在认识、接纳与提升自我的基础上，发掘并展现个人独特的气质与魅力。唯有如此，才能在千篇一律的世界中，活成一道独特的风景，取悦自己，惊艳别人。

2. 现在就提升你的美商

如今，美容行业可谓是热火朝天。琳琅满目的美容产品和服务，简直让人眼花缭乱。不过，有趣的是，有些人尽管在美容上砸了大把时间和金钱，却还是觉得自己不够美。这是为什么呢？其实，问题很可能出在对美的理解和认知上，也就是现在人所说的“美商”。

美商，其实就是“美丽商数”，简称BQ。它可不是说你长得有多漂亮，而是看你有多关注自己的形象，对美学和美感有多敏感，还包括你在社交场合里怎么控制自己的声音、仪态、言行举止等。简单来说，就是你在外在形象上的“把控力”。这个美商，是继智商、情商之后的新型竞争力。

从“美商”的概念可知，美包括诸多方面，不只相貌。不断提升自己的美商，不但可以发现更多美好的事物，丰富自己的情感体验，也有助于激发自己的创造力和想象力。更重要的是，在这个过程中，我们的气质也会潜移默化地得到提升。一个拥有高美商的人，往往能展现出独特的魅力和优雅，这种气质，并非仅源于外在的容貌，而是内心修养和外在表现的完美结合。

所以，想要提升美商，不妨多关注自己的气质和内涵。毕竟，真正的美丽，是由内而外的。

3. 打造整洁、大方、得体的妆容

化妆是一门艺术，也是一种魔法。而要通过妆容彰显自信和优雅，展现有气质的一面，在化妆的过程中，我们需要做到“四看”。

（1）看场合。尤其在不同的场合，恰当的妆容能够凸显个人的独特气质，让自己在社交中游刃有余。

在庄重的商务或正式场合，妆容应追求精致与低调的奢华，从而彰显自信、专业和沉稳的气质。深红色或玫瑰色的口红，不仅显得优雅而成熟，更能为自己的整体形象增添一抹亮丽的色彩。自然的棕色眼妆，能够突出眼神的深邃与坚定，而粉色系的腮红则能微妙地提亮面部轮廓，让自己在人群中脱颖而出。

晚宴或娱乐活动则给了我们更多展示个性和时尚品位的空间。稍浓的妆容，如绚丽的眼妆和鲜艳的唇色，可以尽情展现自己的热情与活力。而对于那些更为正式的场合，清新淡雅的妆容则更为得体，既能凸显自然美，又能避免让自己过于张扬。

不论身处何种场合，妆容的选择都应根据自身的身份和场合特点来定。恰当的妆容不仅能提升自己的外在魅力，更能凸显自己的内在气质，使自己在各种社交场合都能光彩照人。

（2）看年龄。年龄不仅是岁月的印记，也是我们选择妆容时需要考虑的重要因素。不同年龄段的人肌肤状态和需求各异，因此，选择适合自己年龄的妆容对于展现最佳气质很重要。

年轻人拥有水润光泽的肌肤，这是他们的天然优势。为了凸显这份青春活力，妆容应以清新自然为主。轻薄的粉底液、细腻的蜜粉和柔和的腮红能够进一步提升肌肤的透亮感，展现出晶莹剔透的气质。在眼妆上，年轻人可以尝试亮色眼影或炫彩眼线，为整体造型增添一抹时尚与个性，彰显出年轻独有的朝气与活力。

中年后，肌肤开始显现岁月的痕迹，如细纹、松弛等。此时的妆容应更注重修饰与提升。选择具有修饰效果的粉底液和遮瑕膏，可以打造出更加紧致光亮的肌肤质感。眼妆方面，运用具有提升效果的眼影色彩，能够凸显眼部轮廓，使眼神散发出成熟女性的自信与智慧。这样的妆容不仅能够提升外在美感，更能彰显中年女性的优雅与从容。

对于更成熟的年龄段，妆容的重点在于修饰与遮瑕。选用质地较厚的粉底液和遮瑕产品，可以有效掩盖皱纹、黑斑等肌肤问题。同时，选择饱和度高的眼妆色彩能够为眼部增添一抹亮色，让整个人看起来神采奕奕。唇部妆容则应注重保湿与修饰并重，选用富含抗衰老成分的口红，可以让双唇保持饱满年轻的状态。这样的妆容不仅掩盖了岁月的痕迹，更凸显了成熟女性的韵味与魅力。

（3）看特点。每个人的面部轮廓、五官特点和内在气质都是独一无二的，这也决定了妆容的选择必须是个性化的，需要根据每个人的特点来量身打造。

对于那些天生拥有大眼睛的女性，眼睛无疑是她们面部最为引人注目的特点。因此，在妆容的打造上，可以巧妙地运用各种眼妆技巧来进一步突出眼部的魅力。比如，选用亮色系的眼影，或者画上精致的眼线，甚至尝试贴上假睫毛，都会使得眼睛更加有神、更加立体。这样，大眼睛的优势被完全放大，为整个面部增添不少亮点。

而对于嘴唇较为丰满的女性，为了避免唇部过于抢眼而打破面部的整体和谐，可以选择相对淡雅的口红颜色和质地，以达到平衡面部比例的效果。例如，可以选择裸色、粉色或浅桃色等自然色调的口红，这样既可以提升气色，又不会让唇部显得过于突兀。

当然，除了五官特点，每个人的气质也是妆容选择中不可忽视的因素。一个优雅、知性的女性可能更适合选择柔和、自然的妆容，以凸显其内敛而深沉的气质；而一个活泼、开朗的女性则可能更喜欢明亮、鲜艳的妆容色彩，以展现其热情奔放的个性。

（4）看整体。美是一个整体，化妆也是如此。容妆既要考虑场景、身份、肤色、个人特点、时间、灯光，还要把握自己的面部特征和个人气质，以及所选择的服装与发型的色彩与款式等。忽视了哪一方面，整体的造型效果都会受到影响，甚至会留下浓重的人工雕琢的痕迹。

比如，妆容要与肤色相融。肤色是一个人的底色，也是整体形象的基础。因此，在选择妆容时要根据自己的肤色来调整妆容的色彩搭配。比如，肤色较浅的人可以选择柔和的浅色系妆容，使肤色看起来更加纯净、透明；而肤色较深的人则可以选择一些亮丽的色彩来突出自己的气质和个性。

再如，妆容要与服装相匹配。无论是衣着还是妆容，都是通过外在形象来展现自己的风格和气质。因此，在选择妆容时要与所穿的服装相呼应，形成一个整体的和谐感。当你穿上一件简约而精致的礼服时，妆容可以选择一款优雅而精致的正式妆，使整个形象更加大方得体。

整洁、大方且得体的妆容，不仅是细心呵护与日常保养的体现，更是对个人气质的精心雕琢与呈现。只有在妆容的每一个细节上都力求精致，才能将自身最美丽、最自信的一面展现无遗。无论走到哪里，都能以最美好的形象，给人留下难以忘怀的第一印象。这不仅是对外的尊重与礼貌，更是对自我气质的深度诠释与展现。

4. 发型要与头型、脸型相匹配

发型作为个人形象的关键元素，其选择对于塑造人的独特气质至关重要。一个与头型、脸型相得益彰的发型，不仅能够凸显个人的独特魅力和优点，更能由内而外地散发自信与优雅，从而深刻影响他人对个人气质的感知。因此，在选择发型时，应深思熟虑，力求找到最能彰显个人气质的那一款。

（1）发型要与头型相匹配。你有没有注意到，有些人的头型看起来就像是由一位艺术家精心塑造的一样。他们的头部线条流畅，宛如大师的杰作。而有些人的头型则像是被一只顽皮的小精灵破坏过一样，毫无规则可言。

的确，头型有各种各样的形状，就像水果市场上的水果一样。有些人的头型像西瓜，圆圆的；有些人的头型则像橙子，椭圆可爱。还有一些人的头型则像菠萝，尖尖的，看上去很有个性。但无论是什么样的头型，都能找到适合的发型。

对于头型较圆润的人而言，一款层次丰富的蓬松发型能够凸显自己的甜美与温柔，使整个人看起来更加柔和，散发出一种温婉的气质。而对于头型较方正的人，选择一款线条流畅的发型，则可以柔化面部轮廓，增添一份优雅与从容。

如果你的头型适中，既不太圆也不太方，那么你就有更多的发型选择空间。无论是时尚的卷发、利落的短发，还是优雅的长发，都能显示出你的不同气质风格。你可以根据自己的喜好和场合，灵活变换发型，展现出多变的个人魅力。

即使你的头型不够规则，也不必担忧。简洁大方的发型，如贴头皮的短发，同样能够凸显你的干练与自信。避免选择过于蓬松的发型，以免突出头型的不规则，而是要努力让所选择的发型成为你气质的加分项。

选择与头型相匹配的发型，是塑造和提升个人气质的重要一步。通过巧妙的发型设计，让自己独特的气质得以完美展现，成为人群中的亮点。

（2）发型要与脸型相匹配。无论是圆脸、方脸、长脸，还是心形脸，每一种脸型都有其独特的美感。找到与脸型相匹配的发型，能够更好地凸显个人的气质与特色。

对于圆脸的人，选择有层次感的中长发，不仅可以有效拉长脸部线条，使脸部显得更加修长，还能增添一份优雅与知性的气质。而方脸的人，尝试一些带有弧度的发型，能够弱化面部的硬朗线条，让自己散发出更加柔和、温暖的气质。

对于长脸的人，中长发或短发是不错的选择。它们可以增加脸部的宽度感，使面部看起来更加协调，同时也凸显出一种干练、利落的气质。至于心形脸的朋友，由于脸型本身就比较匀称，因此在发型选择上有更大的自由度。无论是甜美的卷发，还是优雅的直发，都能与心形脸完美融合，展现出独特的气质与魅力。

（3）发型要与个性匹配。发型作为人外在形象的一部分，其实也是内心世界的反映，能够很好地代表和传达一个人的个性和风格。对于那些天生就带有一种不羁和自由精神的人，他们可能会倾向于选择一些前卫和时尚的发型。比如，不规则的剪裁、鲜明的颜色，或是富有创意的编发，都能为他们增添一份独特的魅力，使他们在人群中脱颖而出。这样的发型不仅代表了他们的时尚品位，更展示了他们敢于尝试、不拘一格的个性。

而对于那些性格较为保守和内敛的人来说，他们可能更偏爱一些经典而优雅的发型。如一丝不苟的盘发，或是简约大方的短发，都能为他们塑造出一种稳重和成熟的形象。这样的发型选择，既体现了他们对传统的尊重，也展示了他们内敛而深沉的个性。

所以，在选择发型时，不仅要考虑其美观性，更要考虑它是否能真正代表和反映出我们的个性和风格。一款与自己风格和个性相匹配的发型，不仅能提升我们的外在形象，更能让我们变得自信和从容。

发型与头型、脸型相匹配是塑造个人形象的关键。每个人都应该根据自己的头型、脸型和个性特点来选择适合自己的发型，以展现自己最好的一面。在选择发型时，可以咨询专业发型师的意见，他们会根据个人情况给出最合适的建议。通过选择适合的发型，无论是在工作场合还是社交场合，都能让自己更加自信和出众。

5. 衣品正了，人就美了

衣服不仅仅是遮体保暖的工具，更代表了你的审美和品位，还有你面对世界的态度。它就像是你的一张名片，展示着你是谁，你的修养如何，甚至影响着别人对你的看法。

当然，好衣品并不只是买贵的衣服那么简单，更重要的是要懂得搭配，穿出自己的风格。

（1）了解自己的身形和肤色。不同的身形和肤色适合的穿搭风格和颜色是不同的。身材苗条的人可以尝试紧身或修身的服装，以凸显身材曲线，而丰满身材的人则可以选择宽松的款式。肤色偏黄的人可以选择一些明亮的颜色，如粉红色、蓝色等，这样可以起到提亮肤色的作用。而肤色偏白的人则可以选择一些深色的服装，如黑色、红色等，这样可以增加肤色的层次感。

（2）着装与场合要搭配。着装要符合不同的场合。对于正式场合，选择正装是最为重要的，穿着得体可以给人留下一个严肃和专业的印象。比如在电视媒体中，出于礼貌和对观众的尊重，主持人在主持节目时，要穿与节目相应的服装，而不能一套服装出现在任何节目和任何时间段中。而在休闲场合，则可以选择一些休闲的服装，如T恤、牛仔裤等，这样既舒适又时尚。在婚宴上，衣着不要比新郎新娘更华丽鲜艳。在日常生活中，着装应舒适自然，给人以亲切随和之感。

（3）脸型与衣领要搭配。在选择服装时，要考虑自己的脸型。脸型与衣领搭配应把握好这么几点：圆脸型的人不宜穿圆形领、方形领的上衣，宜选择V形或U形领，以在感官上会缩短脸的横向比例；长形脸的人可选择开口稍高一点的圆形领，这样脸部看上去会显得圆润一些；方形脸的人不宜选择“一”字形或方形的领型，可选择“桃心”领；三角形脸的人可选择U形领，如此，脸型的线条会显得柔和一些；倒三角形脸的人宜选择开口浅的船形领；菱形脸的人应选择“一”字形或是比较舒展的领形。

（4）形象与颜色要搭配。服装颜色能衬托一个人的性格、气质，选对了颜色，会给自己的形象加分。平时，在根据场景搭配服装时，应把握这样几个原则：突出一种积极向上、热情奔放的氛围，可选红色；想表达一种浪漫、温馨的感觉，宜选择粉色；要传达一种温暖、健康的心意，可选橙色；要让人充满活力，宜选黄色；要营造一种典雅、高贵的氛围，可选紫色；要塑造端庄、严谨的形象，可选黑色；要体现沉稳、内敛的性格，可选灰色。

（5）服色与环境色匹配。我们生活、工作的环境主要有两种，一种是自然环境，一种是人工布景。在户外的话，不同的地方有不同的环境色彩，在室内的话，环境色主要来自于装修情况。通常，在自然环境中，服饰色彩应与环境色相匹配，例如，光照比较强烈，就不宜穿白色的服装，可适当穿稍深或是较鲜艳的服装。如果在演播室，布景、灯光、服装之间的颜色的反差不宜太大，否则，会在交界处产生漫反射现象。如果是在室内，且有较强的光线，那么就不宜穿发亮的面料，那样会损失色彩的层次感。

（6）适度追求时尚感。追求时尚，并不意味着需要追随每一个时尚潮流，穿上每一件流行的衣服。平时，我们只需要找到适合自己的风格，然后加入一些自己喜欢的时尚元素即可。比如，可以选择一件有趣的印花衬衫，或者一条独特的裤子。记住，时尚是关于展现你自己的独特魅力，而不是盲目地追逐时尚。

最后，别忘了一个小秘诀：自信，就是你穿出好衣品的最佳搭档。当你掌握了穿搭的小窍门，不管穿什么样的衣服，都要带着那份从容和自信出门。不用太在意别人的评价和眼光，你的每一次穿搭，都是对自己审美和个性的小小展示。记住，穿出自己的气质，走出自己的气场，让自信成为你最美的装饰！

6. 举止间流露优雅气质

我们时常被各种美的标准所限制，误以为只有靓丽的外表才是美的真谛。然而，真正的魅力并非仅仅来源于皮囊，而是那份由内而外散发出的仪态之美。正如那句智慧之语所言：“一个女人的体态，足以展现她的真正美丽。”在气质的层面上，优雅的仪态才是我们散发迷人光彩的秘诀。

在社交场合，保持优雅的仪态尤为重要。那么，如何培养好的仪态呢？

（1）站姿：展现一种协调之美。不正确的站姿不仅会降低你的颜值，更重要的是，它会严重影响你的气质。想象一下，如果你站在那里，胸部含缩、背部佝偻，那么你的颈部就会显得又粗又短，即使你穿着最时尚的衣服，也难以展现出半点优雅气质。

此外，有些女性在站立时，脖子会习惯性地前倾。这是一个需要警惕的问题。如果你长时间低头玩手机、电脑，或者不注意肩颈的健康，那么你的脖子可能就会不自觉地前倾。这样的站姿会模糊你的面部轮廓，特别是下颌线会变得不够清晰，从而使你的脸部看起来更大更宽。

许多女性体态不佳的主要问题在于脖子的前倾和驼背，这些问题会间接影响你的外貌。而造成这些问题的“罪魁祸首”就是低头和探颈的习惯。那么，如何避免这些情况呢？

站立时，保持头部端正，双眼平视前方，嘴巴微微闭合，下颌微微收紧，面带自然地微笑。两肩应保持平正并稍微向后下沉，两臂自然下垂，手指轻轻并拢。同时，要挺胸收腹，腰部保持正直，臀部向内向上收紧。两腿要立直并紧贴在一起，两脚跟并拢，脚尖向外分开约60度。作为女性，你可以尝试采用“V”字形或“丁”字形的站姿来展现你的优雅与气质。

需要避免的是：站立时身体歪歪斜斜、无精打采；站立后身体左右或前后摇晃；不停地左右换脚或频繁地来回走动；习惯性地抖动双脚。记住这些建议并付诸实践吧！作为女性我们要学会通过正确的站姿来展现自己的优雅与自信。

（2）走姿：走出一道舞台风景。行走是我们儿时就学会了的基本技能，大多数人都觉得没什么，其实真正能展现一个人气质面貌的，就是行走。由于从小不注意走路姿势，成人后，有的人便形成了一些不雅的走路姿态。比如，有的人走路姿势呈外八字，有的人习惯甩膀子，有的人左右摇晃，还有弯腰驼背的……这都极大地影响了个人形象。优雅的走姿，不但看上去是一道赏心悦目的风景，而且体现了一种良好的心理状态与气质，而并非故作姿态。

如果发现自己的走姿不雅，一定要有意识地去矫正、调整，使走姿看上去自然、大方。具体来说，要做到以下几点。

一是行走时应上身挺直，并始终目视正前方。

二是走路时应将注意力集中于后脚，并使脚跟先触地。女性穿高跟鞋时应全脚掌落地。

三是步行时应保持相对稳定的节奏，不论是步幅、步速还是双臂摆动的幅度，均应保持稳定。

四是前进应当保持一定的方向。从理论上讲，男女行走的最佳轨迹应是平行线，而女性的平行线则应紧挨在一起。

总之，在平时的生活中，要注意养成良好的行走习惯，克服一些不雅的仪态，如左顾右盼、连蹦带跳、手舞足蹈等。

（3）坐姿：坐出礼节与修养。对于一些上班族来说，久坐不动也是影响体态的关键所在。长时间久坐再加上喜欢跷二郎腿，就会使体态慢慢变形。为此，可以在空闲时间多起来活动，或者做一些拉伸运动，放松自己的同时，还能改善体态。

良好的坐姿体现在三个环节：入座、坐下、离座。

入座后，上体自然挺直、挺胸，身后背部离椅背大约两个拳头的距离。女士双膝并拢，脚跟靠紧，男士双膝可以分开，但不超过肩宽。同时，双腿、双肩分别自然弯曲，双手自然放在离膝盖10~15cm的双腿位置，或者放在椅子、沙发扶手上，掌心向下。臀部坐在整个椅子2/3的地方。

坐定后，不能前倾或后仰，或和前后的人打招呼，不能有用手抓头、揉眼、搔脸、托脸、不停喝水等多余动作，以免有失稳重。

离座时，如果身边有嘉宾在座，应先用语言或者动作向对方示意，然后再离开。如果跟别人同时离座，必须注意先后次序。如果地位低于对方，那么应待对方离座后自己再离座；如果地位高于对方时，可先离座；

如果双方身份相似，可同时离座。离座时，动作不要太大，应轻缓。

（4）手势：动作要自然优雅。在交流的过程中，如果需要配合一些手势，切忌手舞足蹈、动作夸张。具体来说，需要把握好两点。

一是手部的动作要轻盈、灵活。有时候，夸张的手势会给人一种不自然和做作的感觉，所以做手势时应避免过度用力或过于夸张。同时，手指的动作应该柔和而不僵硬，尽量保持自然状态，以展示出自信和优雅。

二是要注意手的位置。如果我们讲话时不知道该拿着什么东西，可以将双手轻轻合拢放在胸前，这种亲和的手姿会让自己看起来更加自信的同时也会令自己讲话时更加投入。如果需要指出一些事物，那么可以用手掌轻轻地指向它们，但是要注意不要指得太过强烈，以免给人一种傲慢的感觉。

如果是坐着讲话，那么双手该如何放呢？有这么四种方式：一是分放式，即双手平放在双腿的上面，刚好左手放在左腿的正中间，右手放在右腿的正中间，手掌与大腿相平行；二是叠放式，即放在两条大腿正中间的前部或者在合并的一条腿的前部；或者放在交叉之后的一条腿的中前部，一般是放在双腿交叉之后的上面的那条大腿上；三是扶手式，即一只手放在扶手的上面，另一只手放在同侧大腿的上面；四是桌子式，即双手左右张开放在桌子的上面，双手掌心向下；或者双手前臂相互交叉平放在桌子的上面，双手掌心向下。

通过掌握正确的姿势、轻盈灵活的手部动作、合适的放手位置等，可以展现出自己的修养与自信，给人留下良好印象的同时也提升自己的魅力。

在职场、社交乃至生活的每一个瞬间，女性的仪态都比较容易吸引他人的注意。仪态美，不仅仅是外表的整洁与衣着的雅致，更是一个人举止、态度和言行的综合体现，透露出内在的修养与良好的教养。因此，在日常生活中，应时刻注重自己的仪态美，让它如同一张绽放的名片，彰显女性气质与独特魅力。

气质解码：独特的气质一定要拼脸吗？

一个人如果只注重皮囊，那么真的太肤浅了！俗话说“好看的皮囊千篇一律，有趣的灵魂万里挑一”。气质是一种内在的力量，它不受外界因素的干扰，而是源于一个人的个性和修养。而这种气质，是多种美交织在一起的精彩演绎。

最能影响一个人美丑的往往不是长相，而是气质，并且越是高级的美，越不仰仗长相——这样的美才让人无法抗拒，才能真正能经受得住时间的考验。因此，我们应该更加注重培养自己的气质和审美观，让自己散发出独特的高级美。

那么如何培养自己独特的气质呢？主要应把握以下几点。

（1）多接受美感的熏陶。身处充满美感的环境，对于培育高贵心灵、优雅举止以及散发美好气息十分有利。难以想象，在缺乏美感的环境中，能够培育出举止得体、气度非凡、谈吐优雅的人才。尽管现今我们的生活品质有所提高，但审美层次的提高仍是我们需要关注的问题。一个真正懂得欣赏美的社会，才能孕育出经典的文化与艺术瑰宝。在这样的环境中，我们能够更好地领略高级美的精髓，进而在无形中提升自身的修养与气质。

（2）进行积极的心理暗示。这样的心理暗示会让你的气质瞬间提升。

通过持续的心理暗示，这种正面的力量会逐渐渗透到你的潜意识中，从而不断增强你的个人气场。你将学会在紧张场合保持从容不迫，不让他人通过你的外在表现察觉到你的不安与不自信。这样的心理调适，有助于你更好地展现自己的独特气质。

（3）保持良好的身体状态。很多人可能不知道，身体状态与气质之间的联系，远比我们想象的要重要。一个好的身体状态，是展现独特与气质的基石。试想，在经过一段充实而愉悦的休假期后，你由于得到了充分的休息与滋养，使身体状态达到了最佳，不仅容光焕发，更洋溢出一种积极向上的生命能量，而此时无疑是你气质最佳的时刻。

在他人眼中，此刻的你开朗、乐观，甚至透露出一种难以抗拒的魅力。你的每一个微笑、每一个动作，都流露出自信与优雅，这是身体状态良好所带来的自然气质。相反，在疲惫不堪的状态下，你可能会显得萎靡不振，这与气质相去甚远。

因此，维持好的身体状态，不仅是为了健康，更是为了展现你的独特气质。通过合理的饮食、充足的睡眠，以及适当的运动，让你的身体保持在最佳状态，从而自然地散发出迷人且独特的气质。

（4）多体验阅读的美感。苏东坡曾言："腹有诗书气自华。"曾国藩亦道："读书可变化气质。"你的气质，不仅是你行走过的路途、阅读过的书籍的印记，更是你所钟爱的人与事的反映。在追求独特气质的旅程中，让阅读成为你灵魂的养分，塑造你独一无二的气质。

当我们阅读一本好书时，不仅可以学到知识，思想也会受到潜移默化的熏陶。这种熏陶使我们的行为举止更加符合大众对于优雅与品位的期待。因此，可以说，阅读是提升气质的最直接方式。所以说，当你深潜于书海，博览群书之后，你的气质便会经历一场蜕变。

综上所述，独特的气质并不需要依赖面容的吸引力，它更多地体现在个人的内心修养、品格、个性、风格以及对细节的精致追求上。我们只有将内在修炼好了，拥有了良好的修养、高雅的品位、健康的心理，于外才能显露出出众、优雅的气质。即只有内在的美好才是外在独特气质的强大支撑。